桉树林区水库水源地水体致黑物质研究

潘越　郭晋川　蒋然　潘声旺　黄伟军　梁力　等　著

中国水利水电出版社
www.waterpub.com.cn

·北京·

内 容 提 要

本书针对我国广西壮族自治区桉树林区水源地水库冬季频发泛黑水的问题，以广西桉树人工林区水库为研究区域，选取典型桉树林区水源地水库，采用先进的傅里叶变换离子回旋共振质谱技术，从分子水平分析鉴定出了水库的致黑特征物质，提出了基于分子组成的水库泛黑机理；以识别出的致黑特征物质为研究对象，结合体外生物毒性测试方法和急性经口毒性方法，综合评估桉树人工林区水库水体致黑物质的毒性风险，提出安全阈值；研发了磁粉与微生物絮凝剂交联合成的磁性微生物絮凝剂，从絮凝形态学、带电性、吸附解吸吸附作用、活性基团的变化、致黑物质转变、吸附动力学和热力学等多个角度，解析微生物絮凝剂去除致黑物质的机制，形成磁粉与微生物絮凝剂配比、吸附时间等优化方法。

本书主要内容包括：桉树致黑物质问题研究背景与进展；桉树林典型水库水体致黑特征物质识别；水体致黑特征物质的毒理性研究；水体致黑物质的微生物絮凝剂研究。

本书可供桉树人工林区水源地水质安全研究及相关科学研究单位人员以及相关专业的大中专院校师生参考。

图书在版编目（ＣＩＰ）数据

桉树林区水库水源地水体致黑物质研究 / 潘越等著
. -- 北京：中国水利水电出版社，2024.3
ISBN 978-7-5226-2395-5

Ⅰ．①桉… Ⅱ．①潘… Ⅲ．①水库环境－恶臭污染－研究 Ⅳ．①X524

中国国家版本馆CIP数据核字(2024)第062659号

书　　名	**桉树林区水库水源地水体致黑物质研究** ANSHU LINQU SHUIKU SHUIYUANDI SHUITI ZHIHEI WUZHI YANJIU
作　　者	潘　越　郭晋川　蒋　然　潘声旺　黄伟军　梁　力　等著
出版发行	中国水利水电出版社 （北京市海淀区玉渊潭南路 1 号 D 座　100038） 网址：www.waterpub.com.cn E-mail：sales@mwr.gov.cn 电话：（010）68545888（营销中心）
经　　售	北京科水图书销售有限公司 电话：（010）68545874、63202643 全国各地新华书店和相关出版物销售网点
排　　版	中国水利水电出版社微机排版中心
印　　刷	天津嘉恒印务有限公司
规　　格	170mm×240mm　16 开本　11 印张　209 千字
版　　次	2024 年 3 月第 1 版　2024 年 3 月第 1 次印刷
定　　价	**68.00 元**

前 言

FOREWORD

　　桉树原产于澳洲，具有生长速度快和轮伐周期短的特点，其经济价值高，自 18 世纪末被首次发现和命名后，被迅速引种到世界各地。目前，桉树已在世界近 130 个国家和地区大规模引种，其种植面积已超过全球人工林种植面积的 1/3，桉树人工林已成为世界人工林的重要组成部分。由于其经济效益较高，我国也积极引进并大规模种植。进入 21 世纪以来，我国广西、广东、海南和福建等省（自治区）大面积推广种植桉树人工林，其中广西是我国桉树种植面积最大的地区。整个广西地区内现有水库 4800 多座，其中 368 座水库承担着供水功能，超过 80％的库区范围内种植有桉树。如此大规模和高比例的水库集水区范围桉树种植，势必会对水库的水质带来一定的负面影响，尤其是桉树人工林区水库冬季频发泛黑水现象，水体呈现黑褐色并伴有涩味，当地居民对水库突发泛黑水现象有很大的恐慌，成为影响广西供水安全和水质保障的重大隐患。

　　本书针对我国广西地区桉树人工林区水源地水库冬季频发泛黑水的问题，根据乡村振兴背景下广西农村饮水安全对水源的要求，以广西桉树人工林区水库为研究区域，选取典型桉树林区水源地水库，采用先进的傅里叶变换离子回旋共振质谱技术，从分子水平分析鉴定出了水库的致黑特征物质，提出了基于分子组成的水库泛黑机理；以识别出的致黑特征物质为研究对象，结合体外生物毒性测试方法和急性经口毒性方法，综合评估桉树人工林区水库水体致黑物质的毒性风险，提出安全阈值；研发了磁粉与微生物絮凝剂交联合成的磁性微生物絮凝剂，从絮凝形态学、带电性、吸附解吸附作用、活性基团的变化、致黑物质转变、吸附动力学和热力学等多个角度，解析微生物絮凝剂去除致黑物质的机制，形成磁粉与微生物絮凝剂配比、吸附时间等优化方法。

本书是广西重点研发计划项目"基于饮水安全的桉树林区水库水源地水体致黑物质识别及控制研究"工作的积累和综合。本书的研究成果在桉树人工林区水库水源地水体致黑物质化学特性、毒性效应以及控制治理方面取得重要进展，为解决广西地区水质安全问题提供技术支撑。

本书由潘越、郭晋川、蒋然、潘声旺、黄伟军、梁力等撰写，参与撰写者主要有杨庆国、吴卫熊、邵金华、吴沛霖、唐伟、甘福、朱芳坛、莫明珠、辛钰、陈美琴、吴昌洪、冯世伟、李荣朋、俞婷、李文迅、彭盼盼等。

本书在出版过程中，得到了中国科学院广州地球化学研究所、河海大学、广西大学等单位的大力支持与帮助，在此一并致谢。

书中不足之处，敬请各位读者批评与指正。

作者

2024 年 3 月

目 录

CONTENTS

第1章 桉树致黑物质问题研究背景与进展

1.1 研究背景和意义

广西壮族自治区位于我国南部，是我国桉树种植第一大省区，桉树面积、生长量、蓄积量均居全国第一，其种植范围覆盖首府南宁、柳州等 10 余座主要城市。目前广西众多的桉树广泛种植于水库集水区范围和周边，其中大部分的水源地水库集水区内也大量种植着桉树。广西全区已建成各类水库 4800 多座，水库总库容 321.8 亿 m^3，其中 368 座水库承担着供水功能，超过 80％的库区范围内种植有桉树。如此大规模和高比例的水库集水区范围桉树种植，势必会对水库的水质带来一定的不利影响，尤其桉树人工林区水库频发泛黑水现象，水体呈现黑褐色并伴有涩味，当地居民对水库突发泛黑水现象有很大的恐慌，成为影响广西供水安全和水质保障的重大隐患。

根据广西农村水利水电工作要点，农村饮水"十四五"时期的工作是以乡村振兴战略为指导，以推进建设连片集中供水工程为重点，同步改造一批规范化小型供水工程，更新改造一批老旧供水工程和管网，同时推进千人以上工程水源地的"划、立、治"工作。按照以上指导思想，一方面广西在今后一个时期还要新建（改造）一批大中小型水库作为建设集中连片供水工程的水源，提高广西饮水安全供水保证率。另一方面要对现有千人以上供水工程水源地加强保护和治理，提升水质保障水平。不论是新建（改造）或是对现有水库水源加强保护和治理，都不可避免地会涉及大量的桉树人工林区水库水源地。水库水源地水体泛黑水现象对人饮安全有什么影响？水还能不能作为供水水源？应如何保护和治理？都是迫切需要解答的问题。为此，广西壮族自治区科技厅立项广西重点研发计划项目"基于饮水安全的桉树林区水库水源地水体致黑物质识别及控制研究"，由广西壮族自治区水利科学研究院牵头，联合成都大学、珠江水利科学研究院等单位，选取典型桉树人工林区水源地水库，开展水体泛黑的致黑因子特征识别、致黑物对饮水安全的影响研究以及开发处理水库泛黑水体的微生物絮凝剂等研究工作，为解决长期困扰桉树林区水库周边群众的供水安全问题提供技术支撑。

1.2　国内外研究现状和发展趋势

桉树采伐或凋落物密集的季节，桉树残渣经雨水或溪水浸泡，使溪流小规模水体变黑，后汇入水库，导致水库大规模水体颜色变黑。针对桉树人工林水体致黑这一现象，国内外已有一些研究进展。

国内，罗凡等[1]采用不同水样分析桉树凋落叶对林区水库黑水的影响；朱雅等[2]探究水体污染物在沉积物-水界面附近的分布特征与迁移规律，阐述了沉积物中铁还原产物与有机质的络合反应是水库突发性泛黑的重要成因之一。李一平等[3]对水体"泛黑"现象成因展开研究，分析了硫化物、单宁酸、铁、锰等物质季节性及空间分异特征。施媛媛等[4]针对桉树人工林区水库，探讨了底泥、氮、磷和有机质的分布特征及氮、磷与有机质之间的相关关系，并评价了底泥的肥力状况。郭晋川等[5]揭示了桉树人工林对周边水库的水文动态、养分循环和水质变化的规律。黄本胜等[6]研究了桉树叶在不同浸泡时间下的溶出物的组成与含量，在桉树叶溶出物中共发现139种化合物。郭晋川等[7]采用浸泡实验、液相色谱试验等综合对比方法对速生桉致黑物质关键驱动因子进行成功识别并对其毒理性质进行科学鉴定，阐明了速生桉种植区水库偶发性"翻黑水"的动力过程及驱动机制。杨钙仁[8]探讨桉树人工林对森林主要生态水文以及林区地表水质的影响过程与机理，为区域水资源管理以及桉树人工林水分高效利用提供科学依据。

国外，Canhoto等[9]通过桉树叶的渗滤液评估了其对生态的影响，阐明了凋落叶数量的变化是导致真菌和无脊椎动物多样性减少的直接原因。Wang等[10]发现桉叶多酚与氯化铁溶液相互作用形成铁-多酚纳米颗粒（Fe-PNPs）且该纳米材料具有良好的有机染料吸附絮凝能力。Larra等[11]就地生态系统的方法评估了桉树对溪流有机质分解的影响。Ferreira等[12]对桉树人工林凋落物分解对溪流的影响进行了荟萃分析。Afroze等[13]从参数识别和优化、可重复利用性、平衡、动力学和热力学等方面考察了桉树皮改性后的潜在应用。Da Silva等[14]经高效液相色谱-质谱联用（LC-ESI-MS/MS）检测，检测出桉叶中含有多种黄酮类化合物。Liu等[15]通过红外光谱和X射线衍射（XRD）分析，证实了桉叶提取物生物分子覆盖层覆盖的样品中含有多酚和脂肪酸。Ling-Ling等[16]测定桉叶和非桉叶分解过程中pH、DO、Fe、Mn、硫化物、单宁酸和DOC的变化。Wei等[17]探讨了在水生环境中利用桉树植物及其叶提取物控制藻类增殖的可行性。Ngo等[18]采用气相色谱-质谱联用技术（GC-MS）对桉精油的化学成分进行了研究。

经过对比，国外情况与国内略有不同。澳大利亚等国家的桉树人工林区水体发生过致黑现象，由于这些国家地广人稀、水资源开发利用程度不高，现有报道集中在河道、溪流泛黑研究，针对水库泛黑的研究较少。而我国桉树人工林种植地区人口密度大、水库众多，很多水库承担生活饮用水水源的功能，大规模桉树种植使水库水体泛黑出现频率高、影响范围广。我国气象水文条件等与国外差异大，很难直接借鉴国外成果。

本研究前期进行了桉树生物化学因素与水库秋冬季泛黑的研究，从水温、溶解氧分层、水文特性等角度，将桉树生物化学因素与水库水质恶化综合考虑，初步探讨桉树人工林区水库水体突发性泛黑形成机理。但对人工桉树林区水库的致黑物质种类尚未研究，且桉树林区水库致黑物质对人饮安全可量化的影响研究少，对桉树林区水库特有的致黑物质采用绿化环保絮凝技术进行处理的研究尚为空白。

1.3　项目概况

1.3.1　研究目的

根据乡村振兴背景下广西农村饮水安全对水源的要求，以广西桉树人工林区水库为研究区域，分析桉树林区水库水体泛黑的致黑物质种类，评价桉树人工林区水库水体致黑物对饮水安全的影响，开发处理桉树人工林区水库泛黑水体的微生物絮凝剂，为广西桉树林区水库水源地水质安全隐患提供技术支撑，为发展规模化农村供水工程提供安全、可靠的水源，助力乡村振兴。

1.3.2　研究内容

根据广西农村饮水安全对水源地的要求，识别速生桉林区水库水源地水体典型致黑物质。开展致黑物质特征研究，进行致黑物质毒理实验，提出致黑物质的安全阈值，研发高效环保处理措施。形成一套完整的桉树林区水库水体致黑物质检测分析、致黑物质削减技术及产品。

（1）桉树人工林区水库水体泛黑的致黑因子特征识别。基于饮水安全的原则，以桉树人工林区水源地水库为研究区域，以桉树人工林区水源地水库水和对应水厂出厂水为研究对象，采用傅里叶变换离子回旋共振质谱仪，识别致黑物质种类、含量，分析经自来水厂处理后的水中致黑物质的组分差异，确定对饮水安全有影响的典型致黑物质。

（2）桉树人工林区水库水体致黑物对饮水安全的影响研究。以识别的对饮水安全有影响的主要致黑物质为研究对象，选取哺乳动物作为试验生物，研究致黑物的慢性毒性效应，提出安全阈值。

（3）开发桉树人工林区水库水体典型致黑物质处理技术及产品。研发磁粉与微生物絮凝剂交联合成的磁性微生物絮凝剂，深入研究单宁酸类污染物活性基团的吸附机制，形成磁粉与微生物絮凝剂配比、吸附时间等优化方法。

参 考 文 献

[1] 罗凡，李一平，李燕，等. 桉树人工林对林区水库黑水的影响 [J]. 水资源保护，2020，36（3）：98－104.

[2] 朱雅，李一平，罗凡，等. 我国南方桉树人工林区水库沉积物污染物的分布特征及迁移规律 [J]. 环境科学，2019，41（5）：253－262.

[3] 李一平，罗凡，郭晋川，等. 我国南方桉树（Eucalyptus）人工林区水库突发性泛黑形成机理初探 [J]. 湖泊科学，2018，30（1）：15－24.

[4] 施媛媛，李一平，罗凡，等. 桉树人工林区水库底泥氮、磷和有机质时空分布特征 [J]. 水资源保护，2018，34（5）：73－79.

[5] 郭晋川，李荣辉，潘伟，等. 广西速生桉树人工林对水库的生态环境影响研究 [J]. 中国科技成果，2017，18（5）：40－42.

[6] 黄本胜，洪昌红，徐明智，等. 固相微萃取-气相色谱质谱联用测定水中桉树叶溶出物 [J]. 中山大学学报（自然科学版），2016，55（3）：111－116.

[7] 郭晋川，李荣辉，潘伟，等. 速生桉树人工林对水库的生态效应与影响研究 [R]. 2016.

[8] 杨钙仁. 桉树人工林对林区地表水的影响 [D]. 南宁：广西大学，2012.

[9] Canhoto, C., et al. Effects of Eucalyptus leachates and oxygen on leaf-litter processing by fungi and stream invertebrates [J]. Freshwater Science，2013，32（2）：411－424.

[10] WANG Zhiqiang. Iron Complex Nanoparticles Synthesized by Eucalyptus Leaves [J]. Acs Sustainable Chemistry & Engineering，2013，1（12）：1551－1554.

[11] Larra Aga, S., et al. Effects of exotic eucalypt plantations on organic matter processing in Iberian streams [J]. International Review of Hydrobiology，2015，99（5）：363－372.

[12] Ferreira, V., et al. A meta-analysis on the effects of changes in the composition of native forests on litter decomposition in streams [J]. Forest Ecology & Management，2016，364（1）：27－38.

[13] Afroze, et al. Adsorption removal of zinc（Ⅱ）from aqueous phase by raw and base modified Eucalyptus sheathiana bark: Kinetics, mechanism and equilibrium study [M]. Process Safety & Environmental Protection Transactions of the Institution of Chemical Engineers Part B，2016.

[14] Da Silva, M. G., et al. Cleaner production of antimicrobial and anti-UV cotton materials through dyeing with eucalyptus leaves extract [J]. Journal of Cleaner Production，2018，199（1130）：807－816.

[15] LIU，Y.，X. Jin，Z. Chen. The formation of iron nanoparticles by Eucalyptus leaf extract and used to remove Cr（Ⅵ）[J]. Science of the Total Environment，2018，627：470－479.

[16] Ling-Ling，H. U.，et al. A Preliminary Study on the Formation of Black-odor Water in Guangxi's Reservoirs with Eucalyptus Plantation [J]. Environmental Science & Technology，2018.

[17] Wei，et al. Evaluation of the use of eucalyptus to control algae bloom and improve water quality [J]. Science of the Total Environment，2019.

[18] Ngo，T. C. Q.，T. H. Tran，X. T. Le. The effects of influencing parameters on the Eucalyptus globulus leaves essential oil extraction by hydrodistillation method [J]. Iop Conference，2020，991（1）：012126.

第2章 桉树林典型水库水体致黑特征物质识别

2.1 概述

2.1.1 桉树林区水体致黑物质的研究进展

现有研究对于水体泛黑致黑物质的研究成果，主要集中在以下两个方面：

（1）桉树凋落物浸出液富含黑色物质。桉树人工林采伐迹地泛黑可能是采伐的新鲜凋落物在一定环境条件下快速分解，释放颜色较深的分解产物特别是有机物质[1]。Hladyz 等[2] 发现河道中携带丰富的赤桉凋落物，溶解性有机碳（DOC）增加，DOC 的代谢导致水体溶解氧（DO）耗竭，从而造成缺氧性黑水事件。Morrongiello 等[3] 发现赤桉凋落物浸出液是澳大利亚淡水中 DOC 的主要来源，且有机质分解过程中会产生大量的次生代谢产物，如单宁酸、具有化感作用的黄酮类化合物和至少另外 14 种酚类物质。由于单宁酸、腐殖酸等酚类物质呈棕黄色或深棕色，桉树凋落物淋溶水一般呈棕色[4]。伍琪等[5] 将桉树、杉、红椎凋落叶与蒸馏水混合浸泡 127d，发现桉树叶浸泡液最先引起水质泛黑，且较杉、松及红椎凋落叶单宁酸含量高，使桉树凋落物分解的中间产物不容易被矿化，导致桉树浸泡液色度高，pH 值低。

（2）桉树凋落物浸出液单宁酸与金属离子结合形成黑色络合物。胡玲玲等[6] 发现桉树叶浸泡在水中会释放出大量对微量金属具有很强亲和力的溶解有机质（DOM），对水体中微量金属的迁移富集和化学性质具有较大影响。对比桉树叶和非桉树叶的腐解研究表明，桉树叶腐解释放大量的有机物和单宁酸，同时还伴随着较高的 Fe、Mn 含量。李一平等[7] 发现桉树凋落茎、叶在水体中浸出大量单宁酸，在硫化物、单宁酸、铁、锰同时存在的条件下，发生铁、锰与硫化物，硫化物与单宁酸，铁、锰与单宁酸等一系列反应，生成黑色络合物，导致水库泛黑。朱雅等[8] 发现桉树林区水库中沉积物氧化还原条件的改变可能会促进铁、锰的释放。杨钙仁等[9] 通过野外调查和室内模拟试验指出，黑水形成的主要机理主要是富含单宁的溪流进入森林水库后，游离态的单宁与水库中的 Fe^{3+} 或 Fe^{2+} 等金属离子发生反应，形成单宁与金属的黑色络合物，由于底层水体流速较低，沉积的单宁和铁络合物向水体底层迁移。在冬季，温度的快速下降导致上下层之间的水流交换，使底层的单宁酸-铁络合物等黑色物质向表层迁移，水库水体整体呈现黑色[10]。李琰等[11]通过模拟实验添加单宁酸、硫化物和 Fe^{3+}、Mn^{2+}，通过红外谱图表明黑色络合物是由单宁酸的酚羟基与 Fe^{3+} 和 Mn^{2+} 发生螯合作用形成的。

2.1.2 应用 FT-ICR MS 分析水体 DOM 的研究进展

溶解性有机质（Dissolved Organic Matter，DOM）是一种复杂的、非均质的有机分子混合物，如碳水化合物/多糖、氨基酸/肽/蛋白质、脂质、腐殖质和人为有机污染物等，通常来自植物、动物残体和微生物的分解，普遍存在于水生系统中，由于来源（如陆地、藻类和人工合成）和转化过程（如颗粒吸附、光降解和微生物降解）的不同，DOM 的浓度和组成在不同的水体中变化很大[12]。DOM 作为碳循环中最活跃的部分，在水圈中发挥着重要的作用[13]，可能会引起水体的颜色、气味等性质变化。通常，水体中的 DOM 是通过生化参数来测试的，如化学需氧量（COD）、生化需氧量（BOD）、溶解性有机碳（DOC）和总有机碳（TOC）。然而，这些简单的参数不能提供 DOM 的化学组成和不同 DOM 组分浓度的信息。近年来，一系列光谱和质谱技术被越来越多地应用于水体中 DOM 的有效表征和监测[14-17]。这些光谱学和质谱技术在 DOM 研究中得到的广泛应用，推动了对水体中有机物质的深入认识。其中，傅里叶变换离子回旋共振质谱（Fourier transform ion cyclotron resonance mass spectrometry，FT-ICR MS）是表征 DOM 结构和分子特征的有力工具，它提供了足够高的分辨率，可以高精度地测量数千种离子[18-20]。

（1）FT-ICR MS 识别 DOM 分子组成的原理和应用。FT-ICR MS 具有强大的优势和独特的功能，可以破译水体 DOM 的"黑箱"，有利于研究者克服 DOM 研究中的技术挑战。FT-ICR MS 的核心原理是测量离子的 m/z 值，通过将信号强度与 m/z 值作图得到质谱图。第一，FT-ICR MS 具有较高的分辨率和质量准确度，能在极小的质量单位内实现峰分离，克服了传统低分辨率质谱获取分子信息不足的技术挑战，低分辨率质谱不允许峰分离以区分质量变化小于一个质量单位的分子[21]，但 FT-ICR MS 的质量分辨能力可达 30000 以上，单个 DOM 分子的 m/z 值误差可小于 0.5ppm[22]。FT-ICR MS 可以区分几个毫达尔顿的质量差异，提高对唯一 DOM 分子的判别能力[23]。第二，FT-ICR MS 的电喷雾电离（ESI）通过简化注射过程尽可能保持分子完整性，将溶液注入质谱仪，并耦合质谱与液相色谱，克服了破坏和衍生 DOM 分子的技术挑战，能分析复杂的 DOM 组成。第三，FT-ICR MS 在分子水平上展示了 DOM 混合物的组成和化学反应，能够应对在各种环境过程中识别水生 DOM 组成和转化中的分子多样性的技术挑战。FT-ICR MS 成为目前可用于识别丰富 DOM 组成中的大多数单个 DOM 成分的少数技术之一[24]。与光谱学相比，特定的 FT-ICR MS 分子式有助于更深入地了解 DOM 特性。

（2）FT-ICR MS 识别 DOM 分子组成的数据处理及分析。DOM 的分子组成可以用 Van Krevelen 图表示，可实现庞大数据的可视化，Van Krevelen 图以有机物分子的氧和碳的物质的量之比（O/C）为横坐标、氢和碳的物质的量之比（H/C）为纵坐标，将每个小分子 DOM 排列在特定位置[25]。FT-ICR MS 鉴定出的公式通常根据 H/C 和 O/C 分为不同的类别，如脂类、蛋白质、碳水化合物、不饱和烃、木质素、富含羧基的脂环化合物（CRAM）、单宁和缩合芳香族化合物[26]。结构信息可以通过计算化合物等效双键（DBE）和修正芳香度指数（AI_{mod}）等指标来推断[27]。DBE 反映分子中双键和环烷的总数，其数值越高说明分子中存在的双键和环烷总数就越高，通常被用作分子不饱和度的指示值[28]。AI_{mod} 常用来评估芳香度，$AI_{mod} > 0.67$ 被认为是凝聚态芳香结构存在的明确标准，而 $AI_{mod} > 0.5$ 代表芳香结构的存在[29]。高度不饱和的化合物被定义为位于 $AI_{mod} < 0.50$ 和 H/C < 1.5 的化合物，主要包括木质素的降解产物[30]。肯德里克质量缺陷（KMD）提供了化合物和相关产物的化学反应（如甲基化/去甲基化、脱氢/加氢反应、氧化/还原等）的深入见解。当将分子的 KMD 值与其整数质量或碳数作图时[31]，一系列同系物（例如烷基，羧酸基团和氧同系物）沿水平线排列。因此，KMD 这一重要的 FT-ICR MS 参数提供了关于同源系列分子化合物的有价值信息，突出了 DOM 在不同水生系统中的组成和反应活性的化学转化[32]。DOM 等复杂基质有机物 FT-ICR MS 表征，相对丰度 IR（Relative Intensity）值是评价组分化合物含量和电离效率的一项重要参考指标，在相同的前处理及仪器检测条件下，可以通过相对 IR 值对类似组分间化合物进行半定量分析和差异比较。

（3）FT-ICR MS 识别饮用水 DOM 分子组成。由于大量的生物聚合物的存在，饮用水中的 DOM 很可能含有丰富的 CHO 组分。例如，Cortés-Francisco 等[33] 在预处理饮用水中发现了比 CHOS 和 CHON 分子式多得多的 CHO 分子式。Wang 等[34] 在我国不同城市的 20 个水源水样中鉴定出 2452 个 CHO 分子式，而 CHON 和 CHOS 分子式的丰度很低。此外，饮用水厂中的 DOM 分子显示出丰富的木质素/单宁类物质以及含有羧基和酚基的氯代化合物的产生[35]。饮用水中 DOM 的组成受环境因素和人类活动的影响。首先，水文条件是影响饮用水中 DOM 的重要因素。McDonough 等[36] 研究表明，在半干旱环境下，降雨较少时，DOM 被降解为低分子量、低芳香性、低 O/C 和高 H/C 的组分；而在降雨较多时，由于陆源 DOM 的淋溶作用，DOM 被降解为高分子量、高 O/C 和低 H/C 的组分。其次，藻类和大型水生植物能够将生物质来源的 DOM 释放到水环境中。藻类来源的 DOM 通常含有较多的脂类化合物，而水生植物来源的 DOM 含有较多的木质素和单宁类化合物[37]。最后，人类活动能够提供营养物质从而促进水生系统中 DOM 的水生生产，并引入人工合成表面活性剂等具有较多 CHOS 组分的有机污染物[38]。

现有的研究多在桉树林区水体泛黑机理、致黑物质来源等方面取得了较好的进展，但桉树叶的溶出物众多，已知的致黑物质也仅仅是单宁酸，目前国内外暂时还没有针对桉树浸溶液的 DOM 组分特征以及泛黑水库水体 DOM 组分特征开展研究，桉树林区水体泛黑的关键致黑物质仍有待甄别。为探究桉树林区水库水体致黑物质化合物组分特征，本章节的研究选取广西典型桉树人工林区水源地水库天雹水库、金窝水库为研究对象，并以非桉树林区水库那甘麓水库作为对照，利用 FT-ICR MS 对水库周边桉树浸泡液和水库水体 DOM 的分子组成进行分析、表征与对比，从分子水平分析鉴定出水库的致黑特征物质，同时对典型水库的出厂水样的 DOM 组分特征进行分析，对出厂水进行致黑物质鉴定，验证目前水厂的常规处理方式对于致黑物质的去除效果。本研究以期为进一步评价桉树水体致黑物质对人体的影响研究提供基础，为解决当地饮水安全问题提供科学依据。

2.2　研究内容和技术路线

2.2.1　研究内容

研究内容如下：
（1）典型水库水质常规指标特征分析。
（2）桉树浸泡液 DOM 组分分析，鉴定其典型化合物。
（3）典型水库水样 DOM 分析以及水体致黑物质识别。
（4）典型水库出厂水样 DOM 分析以及典型致黑物质鉴定。

2.2.2　技术路线

在确定研究内容后，对桉树林区水源地水库开展全面调研考察，包括库区速生桉种植情况、植被情况、水体泛黑情况、水库供水规模、污染源等，综合这些因素确定典型水库后开展水样采集并对水样进行固相萃取预处理获取水库 DOM 样品，同时测定水样常规水质指标以辅助致黑物质分析。同时进行桉树浸泡实验，获取桉树 DOM 样品。通过 FT-ICR MS 仪器对典型水库和桉树浸泡液的 DOM 样品进行检测分析获得各样品的化合物分子式数据后，首先分析桉树浸泡液 DOM 组分特征，鉴定出桉树浸泡液典型致黑化合物，再通过对比分析典型水库水样 DOM 组分特征，从中鉴定出桉树浸泡液典型致黑化合物，由此识别出水库水体致黑特征物质。

2.3　材料与方法

2.3.1　研究区概况

选取桉树林区水源地天雹水库和金窝水库作为典型水库，原因主要包括：一是天雹水库和金窝水库都是当地重要的饮用水水源地；二是天雹水库和金窝水库集雨区内桉树种植面积均超过 50%，天雹水库甚至高达 72%，水库水深较深，夏季存在温度分层现象，冬季水库均出现明显的泛黑现象；三是这两座水库的外源输入主要是降雨，无其他面源或者工业污染影响。

天雹水库位于广西壮族自治区南宁市高新区，见图 2.3-1（a）。天雹水库建成于 1960 年，是一座以供水为主，兼顾灌溉及防洪功能的中型水库。天雹水库是南宁市城市的供水水源，集雨面积 50.8km²，总库容 1360 万 m³，有效库容 880 万 m³，水面面积 0.733km²，最大水深约 19m。天雹水库集雨区内桉树种植面积高达 72%，砍伐历史超过 10 年。近年来水库均在冬季出现水体"泛黑"现象，尤其以主库区最为明显。

金窝水库位于广西壮族自治区钦州市钦南区犀牛脚镇金窝江出海口，见图 2.3-1（b）。金窝水库为中型水库，建成于 1978 年，水库集雨面积 24.63km²，总库容 7900 万 m³，有效库容 5373 万 m³。金窝水库是钦州港地区的主要供水水源，水质总体在Ⅱ类～Ⅲ类之间，水体呈偏黑（绿黑）色。水库集雨面积内种植桉树超过 50%，冬季水库时有"泛黑"现象，夏季水库偶有水华现象发生。

2.3.2　样品采集

本研究分别于 2021 年 7 月（夏季）、2021 年 12 月（冬季）对金窝水库和 2021 年 11 月（冬季）、2022 年 6 月（夏季）对天雹水库进行分层采样，采样点均位于水库中心。天雹水库采样点处水深约 10m，冬季采样时水体泛黑现象较为明显。金窝水库采样点处水深约 14m，冬季采样期间水库轻微泛黑，而夏季采样时水体出现较小程度的水华现象。分别采集水库中心表层、中层、底层水样，每个水样采约 2000mL，采样后迅速带回实验室取约 1000mL 进行固相萃取预处理，预处理后放置于 4℃冰箱中保存，剩余水样用于水质常规指标检测。水样信息见表 2.3-1。

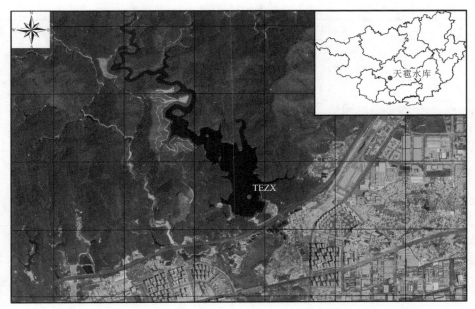

（a）天雹水库

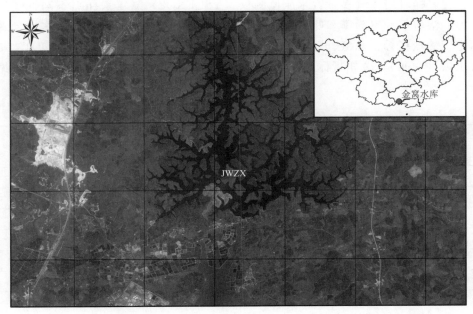

（b）金窝水库

图 2.3-1　天雹水库和金窝水库采样点位置示意图

表 2.3-1　　　　　　　　　　　水 样 信 息 表

样品编号	水库名称	采样时间	采样深度/m	采样位置	水体状态
JW-20210713-0.5	金窝水库	2021 年 7 月 13 日	0.5	水库中心	正常
JW-20210713-7			7.0		
JW-20210713-14			14.0		
JW-20211208-0.5		2021 年 12 月 8 日	0.5		泛黑
JW-20211208-7			7.0		
JW-20211208-13.2			13.2		
TB-20211124-0.5	天雹水库	2021 年 11 月 24 日	0.5		泛黑
TB-20211124-4			4.0		
TB-20211124-8.5			8.5		
TB-20220623-0.5		2022 年 6 月 2 日	0.5		正常
TB-20220623-5			5.0		
TB-20220623-10			10.0		

2.3.3　水质常规指标检测

在采样时用 YSI 多参数水质监测仪（YSI EXO2）测定采样点不同深度的水温、溶解氧、电导率和叶绿素（Chl-a）等，并把采回的不同深度水样分别测定营养盐指标：总氮、总磷、氨氮；有机物指标：化学需氧量（COD）、总有机碳（TOC）；金属指标：铁、锰及硫化物指标。水样各指标的测定方法见表 2.3-2。

表 2.3-2　　　　　　　　　　水 样 指 标 测 定 方 法　　　　　　　　单位：mg/L

指标名称	测 定 方 法
总氮	碱性过硫酸钾氧化-紫外分光光度法（HJ 636—2012）
总磷	过硫酸钾消解法或钼酸铵-分光光度法（GB 11893—89）
氨氮	纳氏试剂分光光度法（HJ 535—2009）
化学需氧量	重铬酸盐法（GB 11914—89）
铁、锰	火焰原子吸收分光光度法（GB 1191—89）
硫化物	碘量法
总有机碳	经 0.45μm 滤膜过滤后用总有机碳测定仪（TOC-LCPH）

2.3.4　桉树叶浸泡实验

将 100g 桉树叶（湿质量）浸泡在 2L 蒸馏水中，在开放、常温条件下浸泡

15 天。桉树叶采集自天雹水库库区种植的桉树。取第 15 天浸泡后的水样进行固相萃取。

2.3.5　固相萃取实验

为了去除水中的无机盐，以便用于 FT-ICR MS 分析，本研究采用了固相萃取法（Solid-phase extraction，SPE）。SPE 柱采用的是安捷伦公司的 PPL 柱，规格 200mg，3mL。方法参考了文献［39］，简要流程如下：首先取 200mL 桉树萃取液或水库水样，用 0.45μm Supor 膜（Pall）过滤，并用盐酸将水样酸化至 pH＝2。接着用 12mL 的甲醇和 pH＝2 盐酸酸化水依次润洗 PPL 柱，然后将酸化后的 200mL 水样上样。上样完成后，再依次用 12mL 的 pH＝2 的盐酸酸化水和超纯水冲洗柱子，最后用 10mL 甲醇洗脱得到样品固相萃取液，保存于 4℃ 冰箱中以备实验使用。

2.3.6　FT-ICR MS 实验及数据处理

固相萃取液（浓度约 6mg/L 有机碳）用布鲁克公司的 9.4 T Solarix XR FT-ICR MS 进行分析。电离源 ESI，负离子模式。主要仪器参数：质荷比范围 100～800，4M 采样点数，采集次数 100 次。质谱数据用常见的含氧化合物进行内部校准。对信噪比大于等于 6 的数据进行处理，数据处理方法参考文献［40］和［41］，根据 C、H、O、N 和 S 各元素的精确相对原子质量计算质谱峰，所有分子式应符合基本的化学准则[42]。这些准则包括：①1/3C＜H＜2C＋N＋2；②N 原子和 H 原子的和应为偶数（"氮规则"）；③H/C 和 O/C 值应分别小于 3 和 1.5。质谱峰误差在±0.6ppm 之间。

范氏图（Van Krevelen，VK 图）常用于 FT-ICR MS 分析中的数据解释[43]，帮助判断化合物的来源、化学反应途径和化学性质。根据氢碳比（H/C）和氧碳比（O/C）范围，可以划分成如下几类：①脂类（O/C＝0～0.3，H/C＝1.5～2.0）；②蛋白质和氨基糖（O/C＝0.3～0.67，H/C＝1.5～2.2）；③碳水化合物（O/C＝0.67～1.2；H/C＝1.5～2.0）；④不饱和烃（O/C＝0～0.1，H/C＝0.7～1.5）；⑤木质素（O/C＝0.1～0.67，H/C＝0.7～1.5）；⑥单宁（O/C＝0.67～1.2，H/C＝0.5～1.5）；⑦稠环芳烃（O/C＝0～0.67，H/C＝0.2～0.7）[43]。在 VK 图中，点的大小与分子强度呈正相关关系。

修正的芳香度指数（modified aromatic index，AImod）计算公式如下：

$$AI_{mod} = \frac{1 + C - 0.5O - S - 0.5H}{C - 0.5O - S - N - P}$$

分子描述 M（如 DBE、O、C、H、O/C、H/C、AI_{mod} 等）相对 IR 平均强度权重（intensity-weighted，wa）分子参数按下列公式计算：

$$M_{wa} = \sum (M_i \times IR_i) / \sum IR_i$$

2.4　典型水库水质特征分析

2.4.1　水温

水温是湖泊水库水环境变化的重要驱动因子，水的所有物理化学特性都与水温有关。水体温度分层结构失稳是致黑物质运移的主要动力因素。由图 2.4-1 可知，天鹅水库水温随着深度的增加逐渐降低。夏季气温高，日照强，水温在垂向上出现了明显的分层现象：温水层在 0～3m 处，水温垂直分布均匀，与大气、太阳进行热量交换，水温较高；温跃层在 3～14m 处，温度梯度较大；均温层在 14m 深度至水底，下部较深范围内，水温低，基本均匀。冬季气温下降，温跃层在水深 7～9m，范围明显减小。金窝水库水温垂向分布与天鹅水库相似，夏季出现分层现象：温水层在水深 0～1m 处，温跃层在 1～7m 处，均温层在 7m 深度至水底。而 12 月从表层至底层，金窝水库分层现象消失，各水层温度分布均匀。可见进入冬季后，水库分层现象会逐渐消失，最终形成近乎均匀的温度场。

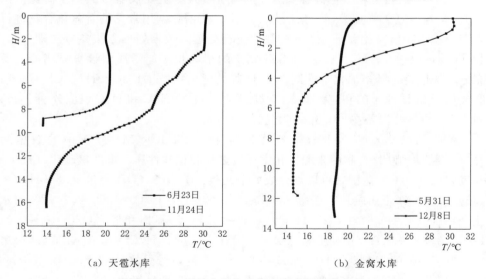

（a）天鹅水库　　　　　　　　　　　　　　（b）金窝水库

图 2.4-1　天鹅水库和金窝水库水温垂向变化

2.4.2　溶解氧（DO）

由图 2.4-2 可见，溶解氧（DO）的变化受温度影响较大，溶解氧（DO）的变化也出现了与温度分层相似的现象，天鹅水库和金窝水库夏季溶解氧

（DO）突变都发生在温跃层，温跃层和均温层最终都出现了缺氧现象。冬季，金窝水库溶解氧（DO）变化也与温度变化相似，各水层溶解氧（DO）浓度分布均匀。而天鹅水库由于水深较浅，变化规律不是很明显。

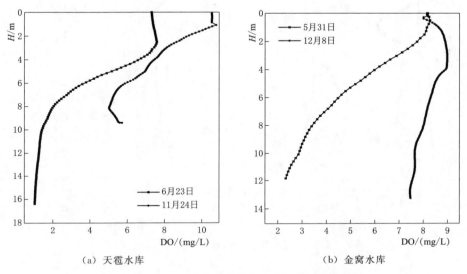

（a）天鹅水库　　　　　　　　　　（b）金窝水库

图 2.4－2　天鹅水库和金窝水库 DO 垂向变化

2.4.3　叶绿素 a

叶绿素 a 是水中浮游植物生物量的综合指标。叶绿素 a 含量过高，可能产生水华或者赤潮，水质下降。如图 2.4－3 所示，天鹅水库和金窝水库叶绿素 a 含量随水深变化具有相似的规律，与温度和溶解氧变化有关。夏季叶绿素 a 含量都是随水深变化先增大后减小，然后趋于稳定。夏季，天鹅水库叶绿素 a 含量在 0～4.5m 随水深增大，在 5～9m 随水深减小，9m 以下分布基本均匀；冬季叶绿素 a 含量在 0～2m 随水深增大后基本不变。金窝水库夏季叶绿素 a 含量在 0～1.5m 随水深增大，在 2～5.5m 随水深减小，5.5m 以下分布基本均匀；冬季叶绿素 a 含量在 0～3m 随水深增大后基本不变。受藻类影响，夏季天鹅水库和金窝水库上层水中叶绿素 a 含量均高于冬季。

2.4.4　总氮

由图 2.4－4 可知，整体上，天鹅水库和金窝水库总氮含量随水深不大，变化没有明显规律。天鹅水库夏季总氮含量高于冬季，夏季平均含量为 1.44mg/L，达到Ⅳ类水体指标；冬季平均含量低于 1.0mg/L，达到Ⅲ类水体指标。金窝水库总氮含量则是冬季高于夏季，夏季平均含量低于 1.0mg/L，达到Ⅲ类水体指标；冬季平均含量为 1.20mg/L，达到Ⅳ类水体指标。

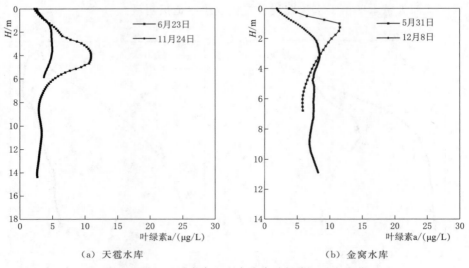

图 2.4-3　天雹水库和金窝水库叶绿素 a 垂向变化

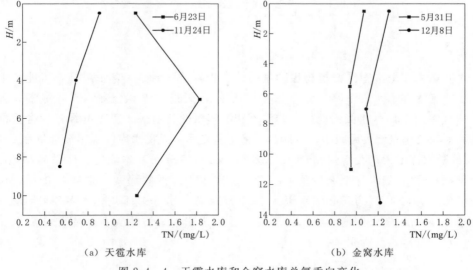

图 2.4-4　天雹水库和金窝水库总氮垂向变化

2.4.5　总磷

2 个水库夏季和冬季总磷含量整体上变化均不大，具体见图 2.4-5，其平均含量均小于 0.05mg/L，达到Ⅲ类水标准。

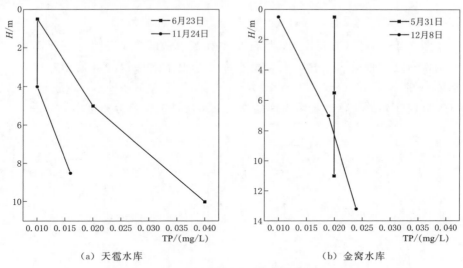

（a）天雹水库　　　　　　　　　　（b）金窝水库

图 2.4-5　天雹水库和金窝水库总磷垂向变化

2.4.6　氨氮

由图 2.4-6 可知，天雹水库和金窝水库水体氨氮含量的变化具有相似的规律。夏季两个水库氨氮含量均随水深变化增大，其含量由 0.1mg/L 左右增大到 0.5mg/L 左右。冬季两个水库氨氮含量随水深变化不大，其含量稳定在 0.5mg/L 左右。整体上的含量均小于 1.0mg/L，达到Ⅲ类水体指标。

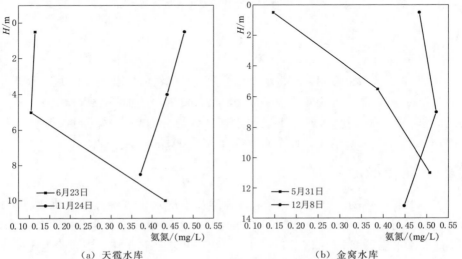

（a）天雹水库　　　　　　　　　　（b）金窝水库

图 2.4-6　天雹水库和金窝水库氨氮垂向变化

2.4.7　铁

从图 2.4-7 可以看到，天雹水库夏季和冬季铁的含量随水深变化不大，其含量均没有超过Ⅲ类水指标。而金窝水库夏季上下水层铁的含量相差较大，下层水体铁的含量在 11m 深度处突增，铁含量高达 1.24mg/L，是Ⅲ类水指标（0.3mg/L）的 4 倍。金窝水库冬季上下水层铁的含量分布基本均匀。

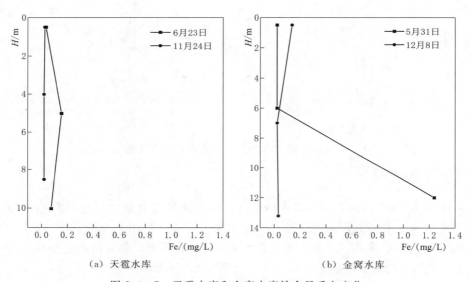

（a）天雹水库　　　　　　　　　　　（b）金窝水库

图 2.4-7　天雹水库和金窝水库铁含量垂向变化

2.4.8　锰

从图 2.4-8 可以看到，天雹水库夏季上下水层铁的含量相差较大，下层水体铁的含量在 10m 深度处突增，含量高达 0.87mg/L，是Ⅲ类水指标（0.1mg/L）的近 9 倍。冬季，两座水库上下层水中锰的含量分布均基本均匀，天雹水库锰的平均浓度为 0.091mg/L，而金窝水库仅为 0.004mg/L。

2.4.9　水样 TOC

如图 2.4-9 所示，天雹水库 11 月表层和中层水体溶解性总有机碳（TOC）含量均比 6 月的低，但 11 月天雹水库在 8.5m 深度处出现了突增。结合图 2.4-1 天雹水库水温的垂向变化看，11 月水库温跃层向下迁移，温度分层仍存在，因此底层的溶解性总有机碳（TOC）含量仍较高。12 月金窝水库水体温度分层消失，上下水层溶解性总有机碳（TOC）分布基本均匀。金窝水库夏季水体表层和底层水体溶解性总有机碳（TOC）含量均较高，底层水体含量较高与温度分层有关。两座水库上层水体 TOC 含量夏季均高于冬季，可能与夏季藻华有关。而天苞水库夏季 TOC 含量随水深变化与金窝水库不同，可能与天苞水库的采样深度较小有关。

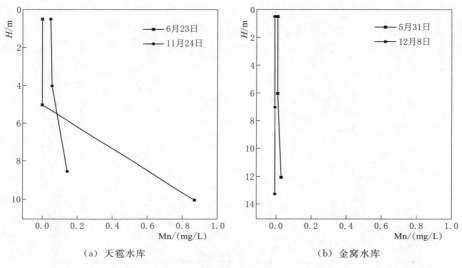

（a）天苞水库　　　　　　　　　（b）金窝水库

图 2.4-8　天苞水库和金窝水库锰含量垂向变化

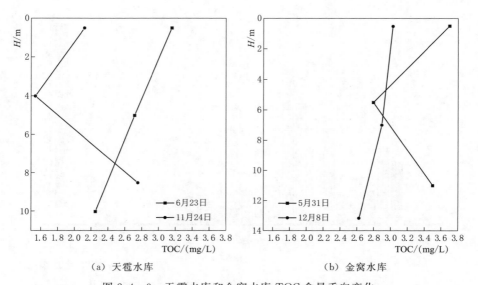

（a）天苞水库　　　　　　　　　（b）金窝水库

图 2.4-9　天苞水库和金窝水库 TOC 含量垂向变化

2.5　桉树叶浸泡液分子组成

2.5.1　桉树叶浸泡液特征化合物鉴定

桉树叶浸泡液共检测出 778 个分子式，主要由一些含氧化合物组成。如图 2.5-1 所示为桉树叶浸泡液化合物分析柱状图。由图 2.5-1 （a）可知，化合物类型主要是 $O_3 \sim O_{14}$，其中 $O_5 \sim O_8$ 类化合物强度较高。由图 2.5-1 （b）可知，

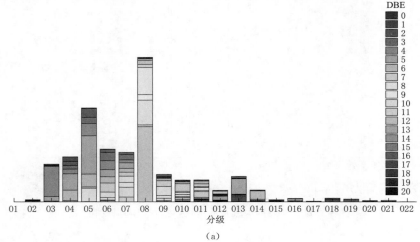

（a）

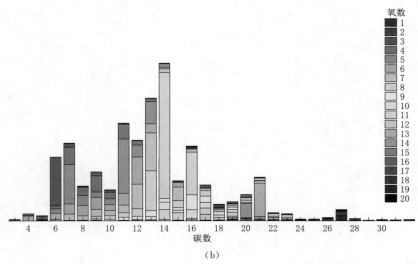

（b）

图 2.5-1 （一）　桉树叶浸泡液 FT-ICR MS 分子组成分析

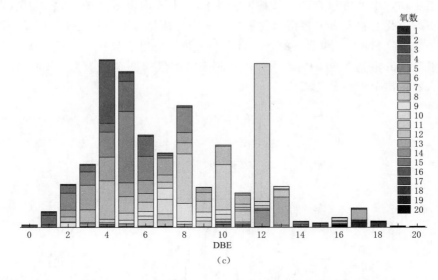

图 2.5 - 1（二）　桉树叶浸泡液 FT-ICR MS 分子组成分析

化合物碳数分布在 $C_4 \sim C_{28}$ 之间，其中 $C_6 \sim C_{16}$ 化合物强度较高。由图 2.5 - 1（c）可知，化合物等效双键（Double Bond Equivalent，DBE）分布在 $1 \sim 18$ 之间，DBE 为 $4 \sim 13$ 的化合物强度较高。

　　桉树叶浸泡液 FT-ICR MS 鉴定出的强度前十的化合物如图 2.5 - 2 所示，具体化合物信息见表 2.5 - 1。其中分子量较小的 $C_6H_6O_3$ 和 $C_7H_6O_5$ 化合物，根据其分子式和 ESI 电离机理[44]，判断其应该是苯三酚和没食子酸，这两种化合物都是天然多酚类化合物，存在于植物组织中。强度最高的化合物是 $C_{14}H_6O_8$，可能是鞣花酸，它是没食子酸的二聚衍生物，也是常见的天然多酚类化合物。由于 $C_{14}H_6O_8$、$C_6H_6O_3$ 和 $C_7H_6O_5$ 是桉树叶浸泡液中特征化合物，而 FT-ICR MS 只能鉴定分子式，不能确定其结构，因此用 LC-MS/MS 进一步证实他们的结构。图 2.5 - 3（a）显示，桉树叶浸泡液和鞣花酸标样样品 $[C_{14}H_5O_8]^-$ 离子出峰时间都在 6.16min，且与 CID 碎裂质谱图几乎一致 ［图 2.5 - 3（b）］，因此可以证明 $C_{14}H_6O_8$ 化合物就是鞣花酸。桉树叶浸泡液和没食子酸标样样品 $[C_7H_5O_5]^-$ （169.013）离子出峰时间和 CID 碎裂质谱图一致，桉树叶浸泡液和苯三酚标样样品 $[C_6H_5O_3]^-$ （125.024）离子出峰时间和 CID 碎裂质谱图一致这表明 $C_7H_6O_5$ 和 $C_6H_6O_3$ 就是没食子酸和苯三酚，具体见图 2.5 - 3（c）～图 2.5 - 3（f）。结合图 2.5 - 1 可知，桉树叶浸泡液中碳数为 $6 \sim 7$、$13 \sim 14$、$20 \sim 21$ 的化合物强度较高，且 DBE 为 $4 \sim 5$、8、10、$12 \sim 13$ 的化合物强度较高，可能是一些苯三酚和没食子酸为母体的多酚类化合物的二聚和三聚衍生物，由此可以判断，桉树叶浸泡液中主要由以苯三酚、没食子酸为母体的多酚类化合物及其多聚衍生物组成，其中特征化合物为鞣花酸（$C_{14}H_6O_8$）、没食子酸（$C_7H_6O_5$）和苯三酚（$C_6H_6O_3$）。常见的单宁酸（分子量1701）是没食子酰基的五聚衍生物，由于 FT-ICR MS 的质量检测范围有限（$100\sim800$），本次未鉴定出单宁酸分子式。

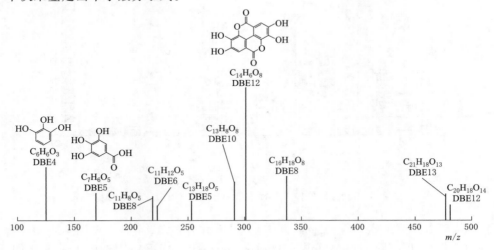

图 2.5-2　桉树叶浸泡液 FT-ICR MS 鉴定出的强度前十的化合物

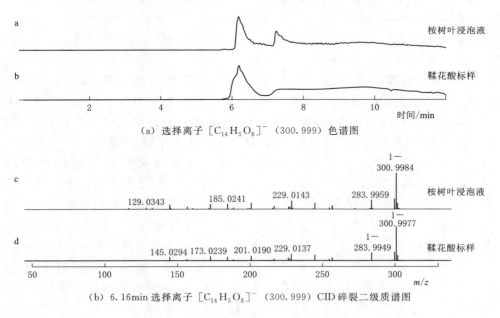

（a）选择离子 $[C_{14}H_5O_8]^-$（300.999）色谱图

（b）6.16min 选择离子 $[C_{14}H_5O_8]^-$（300.999）CID 碎裂二级质谱图

图 2.5-3（一）　鞣花酸、没食子酸和苯三酚 LC-MS/MS 鉴定分析图

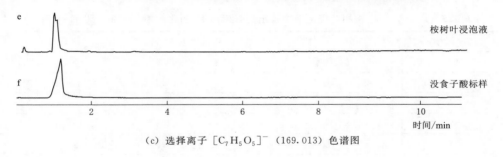

（c）选择离子［C$_7$H$_5$O$_5$］$^-$（169.013）色谱图

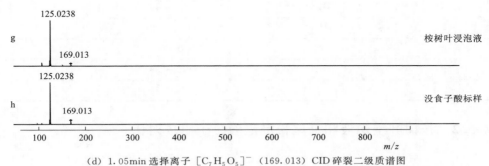

（d）1.05min 选择离子［C$_7$H$_5$O$_5$］$^-$（169.013）CID 碎裂二级质谱图

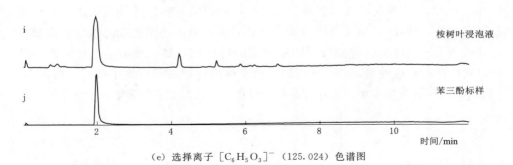

（e）选择离子［C$_6$H$_5$O$_3$］$^-$（125.024）色谱图

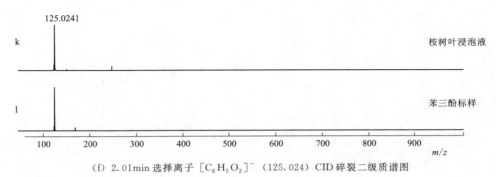

（f）2.01min 选择离子［C$_6$H$_5$O$_3$］$^-$（125.024）CID 碎裂二级质谱图

图 2.5-3（二）　鞣花酸、没食子酸和苯三酚 LC-MS/MS 鉴定分析图

表 2.5-1　　　　　　桉树叶浸泡液中检出的强度前 10 的化合物

序　号	分　子　式	质荷比 [M−H]⁻	DBE
1	$C_{14}H_6O_8$	300.99899	12
2	$C_6H_6O_3$	125.02442	4
3	$C_{16}H_{18}O_8$	337.09289	8
4	$C_{13}H_8O_8$	291.01464	10
5	$C_7H_6O_5$	169.01425	5
6	$C_{21}H_{18}O_{13}$	477.06746	13
7	$C_{11}H_8O_5$	219.02990	8
8	$C_{13}H_{18}O_5$	253.10815	5
9	$C_{20}H_{18}O_{14}$	481.06238	12
10	$C_{11}H_{12}O_5$	223.06120	6

2.5.2　桉树叶浸泡液和马尾松浸泡液分子组成对比

为进一步验证本次鉴定的鞣花酸（$C_{14}H_6O_8$）、没食子酸（$C_7H_6O_5$）和苯三酚（$C_6H_6O_3$）为桉树叶浸泡液特征化合物，在相同的实验条件下也进行了马尾松浸泡实验，并在 FT-ICR MS 仪器上分析，通过对比马尾松浸泡液分子组成特征，证明上述三种化合物是桉树叶浸泡液的特征化合物。马尾松也是广西一类种植较广泛的植被种类，其在水库集雨面积内的种植面积仅次于桉树。图 2.5-4 显示，马尾松浸泡液中也存在鞣花酸和没食子酸，但二者的强度远远低于其他化

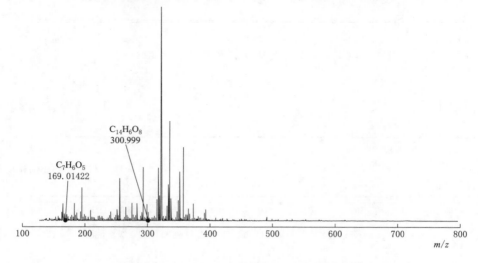

图 2.5-4　马尾松浸泡液 FT-ICR MS 质谱图

合物，说明这两种化合物在桉树叶浸泡液中含量较高而在马尾松浸泡液中含量较小。马尾松浸泡液化合物类型主要是 $O_2 \sim O_{11}$ 之间，其中 $O_3 \sim O_6$ 类化合物强度较高，具体见图 2.5-5（a）；化合物碳数分布在 $C_5 \sim C_{30}$ 之间，其中 C_{20} 类的化合物强度远高于其他化合物，C_{10}、$C_{15} \sim C_{17}$ 类化合物的强度也较高，具体

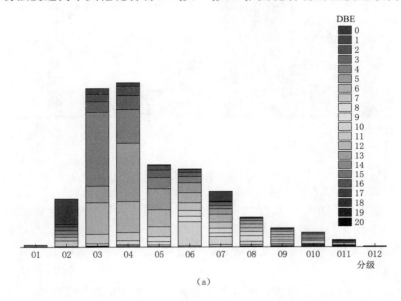

(a)

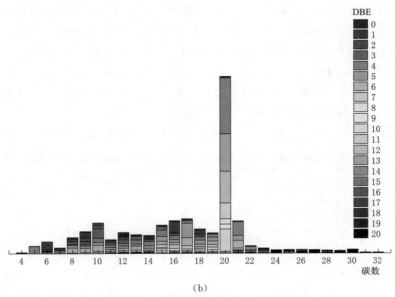

(b)

图 2.5-5（一）　马尾松浸泡液分子组成分析相对丰度柱状图

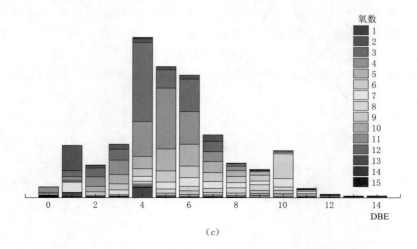

(c)

图 2.5-5（二）　马尾松浸泡液分子组成分析相对丰度柱状图

见图 2.5-5（b）；DBE 分布在 0～10 之间，以低 DBE 类的化合物为主，其中 DBE 为 4～7 的化合物强度较高，具体见图 2.5-5（c）。总体上，马尾松浸泡液分子组成以低氧数、低 DBE 及高碳数的化合物为主，与桉树叶浸泡液分子组成存在较大差异。

如图 2.5-6 所示，桉树叶浸泡液主要由木质素、稠环芳烃和单宁类化合物组成，其中强度最高点为鞣花酸。马尾松浸泡液主要由木质素、脂类以及蛋白质和氨基糖类化合物组成，其中木质素类和脂类化合物的强度较大，这与桉树叶浸泡液的化合物组成类型相差较大。表 2.5-2 显示了桉树叶浸泡液和马尾松浸泡液 DOM 样品化合物的平均强度权重（intensity-weighted，wa）分子参数。由表 2.5-2 可知，与桉树叶浸泡液对比，马尾松具有较高的碳数、氢数以及较高的 H/C 值，而氧数、DBE 和修正芳香度指数均较低。桉树叶浸泡液化合物组成具有高芳香性，AI_{wa} 为 0.52，这与其中含有大量多酚类化合物有关。

表 2.5-2　桉树叶浸泡液和马尾松浸泡液化合物的平均强度权重分子参数

样　品	m/z_{wa}	C_{wa}	H_{wa}	O_{wa}	H/C_{wa}	O/C_{wa}	DBE_{wa}	$AI_{mod\,wa}$
桉树叶浸泡液	289.71	13.21	11.64	7.47	0.99	0.57	7.89	0.52
马尾松浸泡液	310.72	17.11	24.60	4.87	1.43	0.32	5.36	0.19

注　m/z 为质荷比；AI_{mod} 为修正芳香度指数。

综上所述，桉树叶浸泡液和马尾松浸泡液的 DOM 组成存在较大差异，进一步证明鞣花酸、没食子酸和苯三酚等多酚类化合物是桉树叶浸泡液的特征化合物。

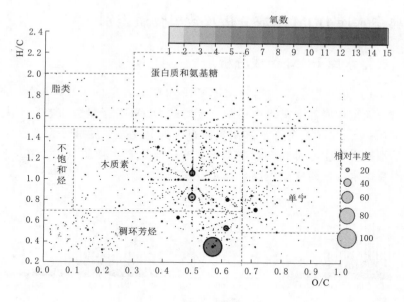

（a）桉树叶浸泡液

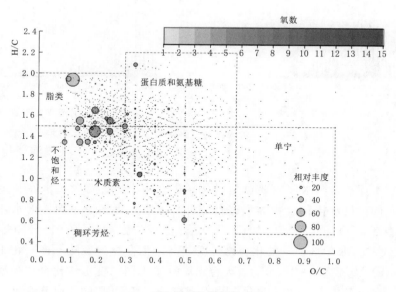

（b）马尾松浸泡液

图 2.5-6　桉树叶浸泡液和马尾松浸泡液 DOM
样品 VK 图

2.6　典型水库 DOM 组成分析及致黑物质识别

2.6.1　典型水库 DOM 组成分析

图 2.6-1 为天雹水库和金窝水库冬季和夏季表层的 FT-ICR MS 质谱图，可以看出，天雹水库和金窝水库冬季、夏季的 DOM 分子量分布差异不大，基本分布在 120~650 之间，冬季水体化合物的相对丰度高于夏季。天雹水库和金窝水库冬季水样质量中心都在 300 左右，金窝水库夏季水样质量中心在 280 左右，天雹水库夏季水样质量中心偏高，在 420 左右。

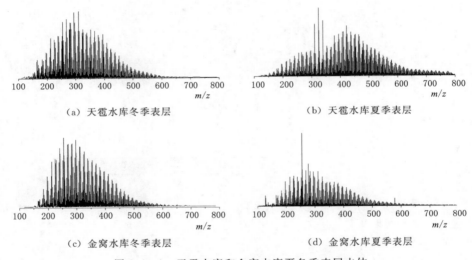

(a) 天雹水库冬季表层　　　　　　　　(b) 天雹水库夏季表层

(c) 金窝水库冬季表层　　　　　　　　(d) 金窝水库夏季表层

图 2.6-1　天雹水库和金窝水库夏冬季表层水体
DOM 样品 FT-ICR MS 质谱图

天雹水库和金窝水库主要也是以含氧化合物为主。对天雹水库和金窝水库夏冬季不同深度水样化合物类型进行统计。天雹水库冬季不同深度水体主要化合物类型都是 O_2~O_{14}，其中 O_5~O_9 类化合物强度较高；化合物等效双键 DBE 较低，DBE 为 3~10 的化合物强度较高；化合物类型随深度变化不大 [图 2.6-2（a）~图 2.6-2（c）]。天雹水库夏季不同深度水体化合物类型主要都是 O_2~O_{19}，其中 O_8~O_{13} 类化合物强度较高；高 DBE 的化合物强度较大，以 DBE 为 10~19 为主；由浅到深，低 DBE 的化合物强度不断增大 [图 2.6-2（d）~图 2.6-2（f）]。对比天雹水库冬季和夏季水样 DOM 样品化合物类型分布结果，冬季化合物类型与桉树叶浸泡液相似，随水深变化化合物类型分布

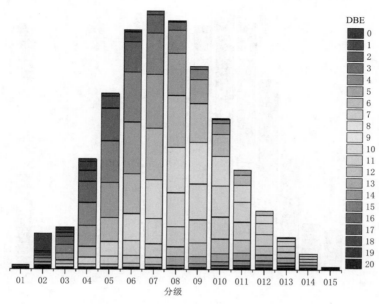

（a）TB-11.24-0.5m

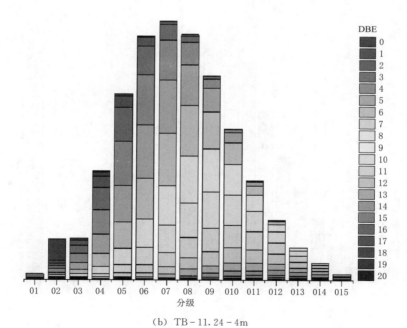

（b）TB-11.24-4m

图 2.6-2（一）　天雹水库水体 DOM 样品化合物类型分析
相对丰度柱状图

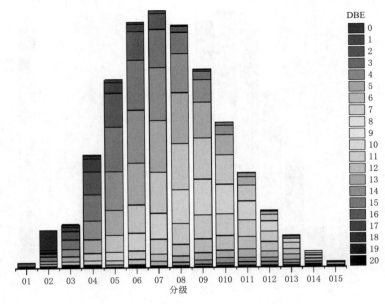

（c）TB-11.24-8.5m

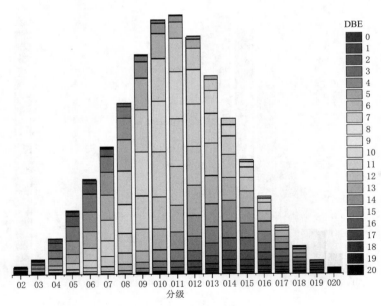

（d）TB-6.23-0.5m

图 2.6-2（二）　天雹水库水体 DOM 样品化合物类型分析
相对丰度柱状图

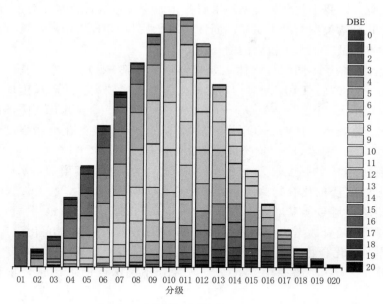

（e）TB-6.23-5m

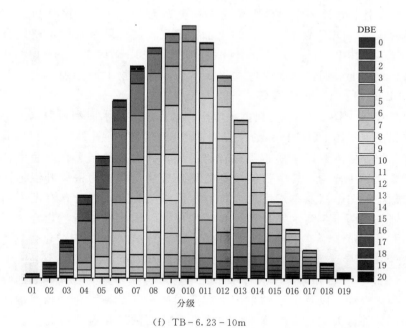

（f）TB-6.23-10m

图 2.6-2（三）　天雹水库水体 DOM 样品化合物类型分析
相对丰度柱状图

无明显变化，而夏季化合物类型随水深变化而变化，这符合水库温度分层现象。夏季水体化合物类型与冬季明显不同，氧原子数和DBE均偏高，这可能是来源于水体中藻类及其他水生植物的输入。

金窝水库冬季不同深度水体主要化合物类型都是$O_1 \sim O_{15}$，其中$O_6 \sim O_{10}$类化合物强度较高，DBE为4～11类的化合物强度较高。随着深度增加，化合物类型变化不大［图2.6-3（a）～图2.6-3（c）］。金窝水库夏季不同深度水体主要化合物类型都是$O_2 \sim O_{14}$，表层水体$O_4 \sim O_{10}$类的化合物强度较大［图2.6-3（d）］，中层$O_3 \sim O_9$类的化合物强度较大［图2.6-3（e）］，底层水体$O_2 \sim O_6$类的化合物强度较大［图2.6-3（f）］。随着深度增加，水体逐渐以低氧数和低DBE类的化合物为主，其中化合物DBE为1和2的O_2、O_3、O_4和O_5类的化合物强度明显增大［图2.6-3（e）和图2.6-3（f）］。金窝水库夏季水体DOM低氧数类化合物强度较大且DBE较低，可能与光化学反应有关。金窝水库冬季化合物类型也与桉树浸泡液相似，表明冬季水体DOM组成受桉树影响较大。夏季水库存在温度分层现象，不同深度的水体化合物存在一定差异。

对照水库那甘蕗水库表层水体化合物类型相对丰度图如图2.6-4所示。由图可知，那甘蕗水库冬季水样主要化合物类型为$O_2 \sim O_{14}$，其中$O_6 \sim O_{10}$类化合物强度较高，DBE为4～10类的化合物强度较高；夏季水样主要化合物类型为$O_2 \sim O_{14}$，其中$O_5 \sim O_{10}$类化合物强度较高，DBE为1、4～10类的化合物强度较高。整体上，那甘蕗水库冬季和夏季水样化合物类型差别不大，但夏季水样低DBE的$O_2 \sim O_5$强度增高。

图2.6-5～图2.6-7为典型水库金窝水库、天雹水库和对照水库那甘蕗水库冬季和夏季水体DOM样品的范式莱恩图（VK图）。图2.6-5可以看出，金窝水库冬季水体主要以木质素类化合物组成，其次是单宁类化合物，还有少量的稠环芳烃类化合物，其中强度较高的稠环芳烃化合物为桉树叶浸泡液最特征化合物鞣花酸。金窝夏季水库化合物以木质素类为主，同时含有不少脂类化合物。根据现场调研金窝水库夏季存在藻华现象，因此这些脂类化合物可能源自藻类的大量繁殖[45]。藻类会释放出一些活性高的H/C低的脂类化合物，如饱和脂肪酸等[45]，导致金窝水库夏季化合物平均H/C高于其他样品（表2.6-1）。

由图2.6-6可知，冬季天雹水库以木质素类化合物为主，同时还存在高强度的脂类化合物，以及少量的单宁类和蛋白质和氨基糖类化合物，推测来源于马尾松。另外，天雹水库冬季水体中也存在特征致黑化合物鞣花酸。夏季天雹水库以高氧数的木质素类化合物为主，其次为单宁类化合物，稠环芳烃类，同时含有高强度的脂类化合物，经鉴定为含硫化合物。

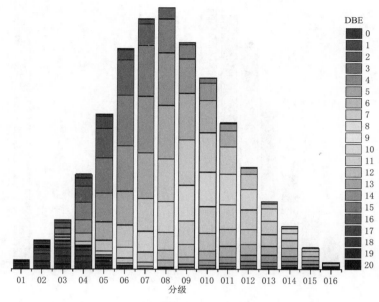

（a）JW-12.08-5m

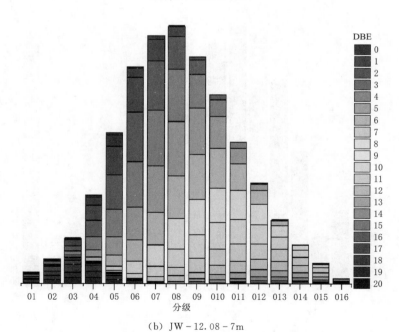

（b）JW-12.08-7m

图 2.6-3（一）　金窝水库水体 DOM 样品化合物类型分析
相对丰度柱状图

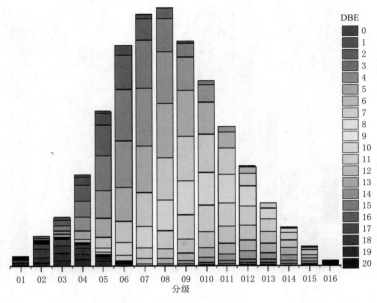

(c) JW - 12.08 - 13.2m

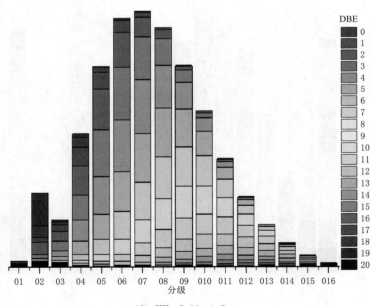

(d) JW - 7.13 - 0.5m

图 2.6 - 3（二）　金窝水库水体 DOM 样品化合物类型分析
相对丰度柱状图

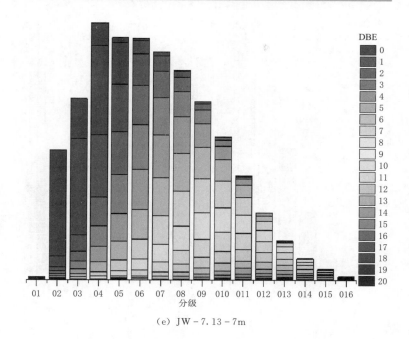

（e）JW-7.13-7m

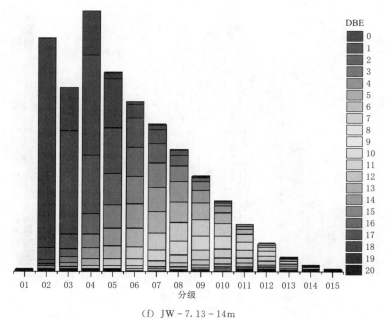

（f）JW-7.13-14m

图 2.6-3（三）　金窝水库水体 DOM 样品化合物类型分析
相对丰度柱状图

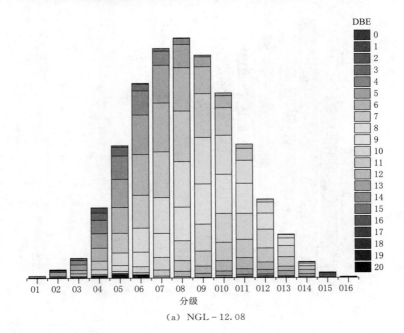

（a）NGL - 12.08

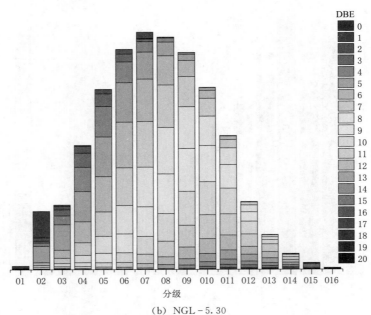

（b）NGL - 5.30

图 2.6 - 4　那甘麓水库表层水体 DOM 样品化合物类型分析
相对丰度柱状图

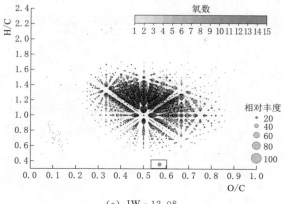

（a）JW-12.08

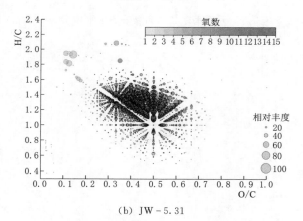

（b）JW-5.31

图 2.6-5　金窝水库冬季和夏季表层水体 DOM 样品 VK 图

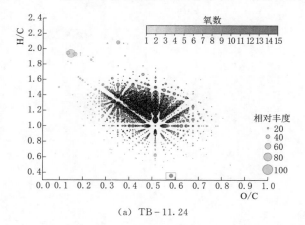

（a）TB-11.24

图 2.6-6（一）　天雹水库冬季和夏季表层水体 DOM 样品 VK 图

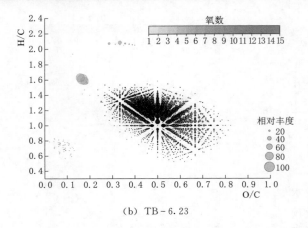

(b) TB-6.23

图 2.6-6（二） 天雹水库冬季和夏季表层水体 DOM 样品 VK 图

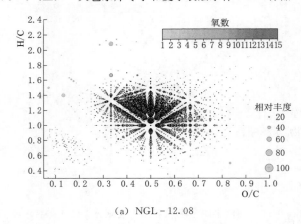

(a) NGL-12.08

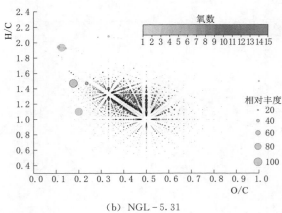

(b) NGL-5.31

图 2.6-7 那甘麓水库冬季和夏季水体 DOM 样品 VK 图

表 2.6-1　　　　　　部分样品鉴定化合物的平均强度权重分子参数

样　品	m/z_{wa}	C_{wa}	H_{wa}	O_{wa}	H/C_{wa}	O/C_{wa}	DBE_{wa}	$AI_{mod\,wa}$
JW-20210713-0.5	359.72	18.08	22.79	7.49	1.31	0.43	7.19	0.31
JW-20211208-0.5	354.93	16.82	19.18	8.37	1.20	0.51	7.73	0.34
TB-20220623-0.5	460.65	22.06	24.97	10.67	1.17	0.49	10.08	0.36
TB-20211124-0.5	351.02	17.44	21.26	7.53	1.27	0.44	7.30	0.33
NGL-12.08	364.73	17.07	19.95	8.31	1.18	0.52	7.77	0.35
NGL-5.31	364.68	18.17	21.84	7.51	1.20	0.43	7.87	0.34

冬季那甘簏水库水体主要由木质素类化合物组成，其次是单宁类化合物，同时还存在少量较高强度的蛋白质和氨基糖类。夏季水库水体主要由木质素类化合物组成，同时含有少量高强度的低氧化合物，这些低氧原子化合物属于脂类，由上文马尾松浸泡液化合物组成的分析可知，这些脂类化合物来源于水库周边种植的马尾松。

综上所述，无论是桉树林区水库还是非桉树区水库，水库水体均以木质素类化合物组成为主，而在其他类化合物存在差异。木质素化合物通常来自于高等植物的输入[46]，说明水库周边种植的植被对水库水体化合物的影响较大。金窝水库和天雹水库化合物芳香指数较那甘簏水库大（表 2.6-1），说明金窝水库和天雹水库化合物组成受桉树影响较大，但同时也受到马尾松的影响。对比冬季和夏季样品，金窝水库和天雹水库中均存在桉树叶浸泡液特征化合物鞣花酸，夏季水库中没有，且那甘簏水库冬季和夏季水库中均没有鞣花酸，说明冬季水库泛黑水受大量凋落的桉树叶影响。

2.6.2　典型水库致黑物质识别

2.6.2.1　典型水库致黑特征物质鉴定

由上文可知，金窝水库和天雹水库冬季水体中均存在桉树叶浸泡液的最特征化合物鞣花酸（$C_{14}H_6O_8$），可以初步判断鞣花酸（$C_{14}H_6O_8$）即为水库黑水的主要致黑物质。为进一步分析致黑物质在水库的分布特征，逐一进行鉴定。

图 2.6-8 为金窝水库和天雹水库冬季和夏季表层水体 DOM 样品质谱图。首先选取桉树叶浸泡液最特征化合物鞣花酸（$C_{14}H_6O_8$）对水库 DOM 样品进行鉴定。从图中可以看出，鞣花酸在金窝水库和天雹水库冬季表层水体中强度较高，而夏季水体中没有出现，这符合水库泛黑水现象发生在冬季的情况。且冬季天雹水库鞣花酸强度高于金窝水库，采样期间天雹水库泛黑水现象较金窝水库更明显，表明天雹水库水体中桉树浸泡液特征化合物的浓度可能更高，影响了水库水体泛黑的程度。图 2.6-9 为金窝水库和天雹水库冬季不同深度水体 DOM

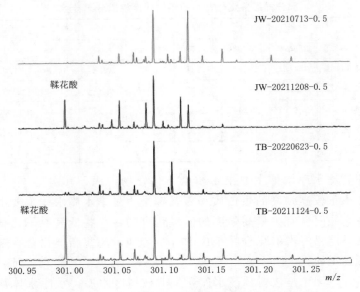

图 2.6-8　金窝水库和天雹水库冬季和夏季表层水体
DOM 样品质谱图

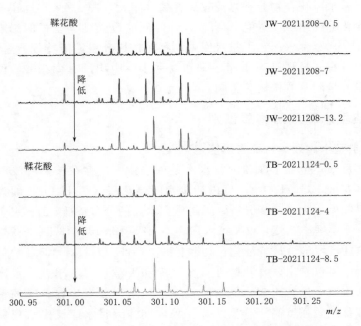

图 2.6-9　金窝水库和天雹水库冬季不同深度水体
DOM 样品质谱图

样品质谱图。由图可知，金窝水库和天雹水库水中鞣花酸的强度均随深度逐渐减小。这些结果表明，冬季水库水体中含有高浓度的桉树叶溶解有机质。在秋季和冬季，大量的桉树叶会凋落，降雨径流会携带林区大量桉树叶溶解有机质，通过表层流和间层流的形式进入库区水体，从而直接影响水体中的 DOM 组成。而这些多酚类化合物易被氧化、变色，从表层扩散到深层，影响水库水体泛黑。说明桉树叶浸出液本身黑色可能是水库变黑水的原因之一，其特征化合物鞣花酸就是水体致黑特征物质之一。

2.6.2.2　基于分子组成的水库泛黑机理

1. 致黑特征物质与 Fe^{3+} 反应实验

本研究发现桉树叶浸泡液主要由苯三酚、没食子酸为母体的多酚类化合物及其多聚衍生物组成，且这些化合物在冬季水库水体中被大量检测出。由于这些多酚类化合物含有大量羟基和一定的碱性，理论上可以与亚铁离子 Fe^{2+} 或铁离子 Fe^{3+} 结合生成金属-有机质络合物。一般来说，亚铁-有机质络合物可溶于水中，而部分铁-有机质络合物则会生成沉淀（类似于氢氧化铁）[47-49]。为了验证此观点，进行桉树叶中典型化合物鞣花酸、没食子酸和苯三酚与 Fe^{3+} 的实验。实验结果表明，鞣花酸、没食子酸和苯三酚都能与 Fe^{3+} 发生络合反应，形成黑色沉淀，具体见图 2.6 - 10。结合文献调研[48,49] 及分析，可推测每个分子中的两个酚羟基与 Fe^{3+} 参与反应，三个分子与两个 Fe^{3+} 络合形成黑色沉淀，反应机理见图 2.6 - 10。

2. 没食子酸标定实验

由于典型致黑物质与铁离子反应生成的沉淀不能被 FT-ICR-MS 检测出来，为鉴定典型致黑物质与 Fe^{3+} 的反应及产生的络合物中间体（还不是沉淀，可被检出），进一步间接证明桉树叶中典型的多酚类化合物与金属离子发生络合反应是水库水体变黑的主要原因。没食子酸是桉树叶萃取物的特征化合物，是水库水体变黑的重要前提物。其与铁离子会发生络合反应，反应主要是两个酚羟基与铁离子发生络合[50]。鞣花酸是没食子酸的二聚衍生物，含有更多的酚羟基，更易与铁离子发生络合反应生成沉淀（沉淀不能被检测出），故选用没食子酸与铁离子进行标定实验，鉴定出反应中间体。

(1) 实验原理。 文献指出没食子酸与铁离子反应原理[50]：

酸性条件：一个没食子酸与一个铁离子络合；

中性条件：两个没食子酸与一个铁离子络合；

碱性条件：三个没食子酸与一个铁离子络合。

鉴于自然水体 pH 为 7 左右，故实验条件选择为中性。

铁离子与没食子酸反应生成络合物（pH＝7），反应方程式[4] 如下：

$$C_7H_6O_5 + Fe^{3+} \longrightarrow [C_{14}H_8O_{10}Fe]^- + 4H^+$$

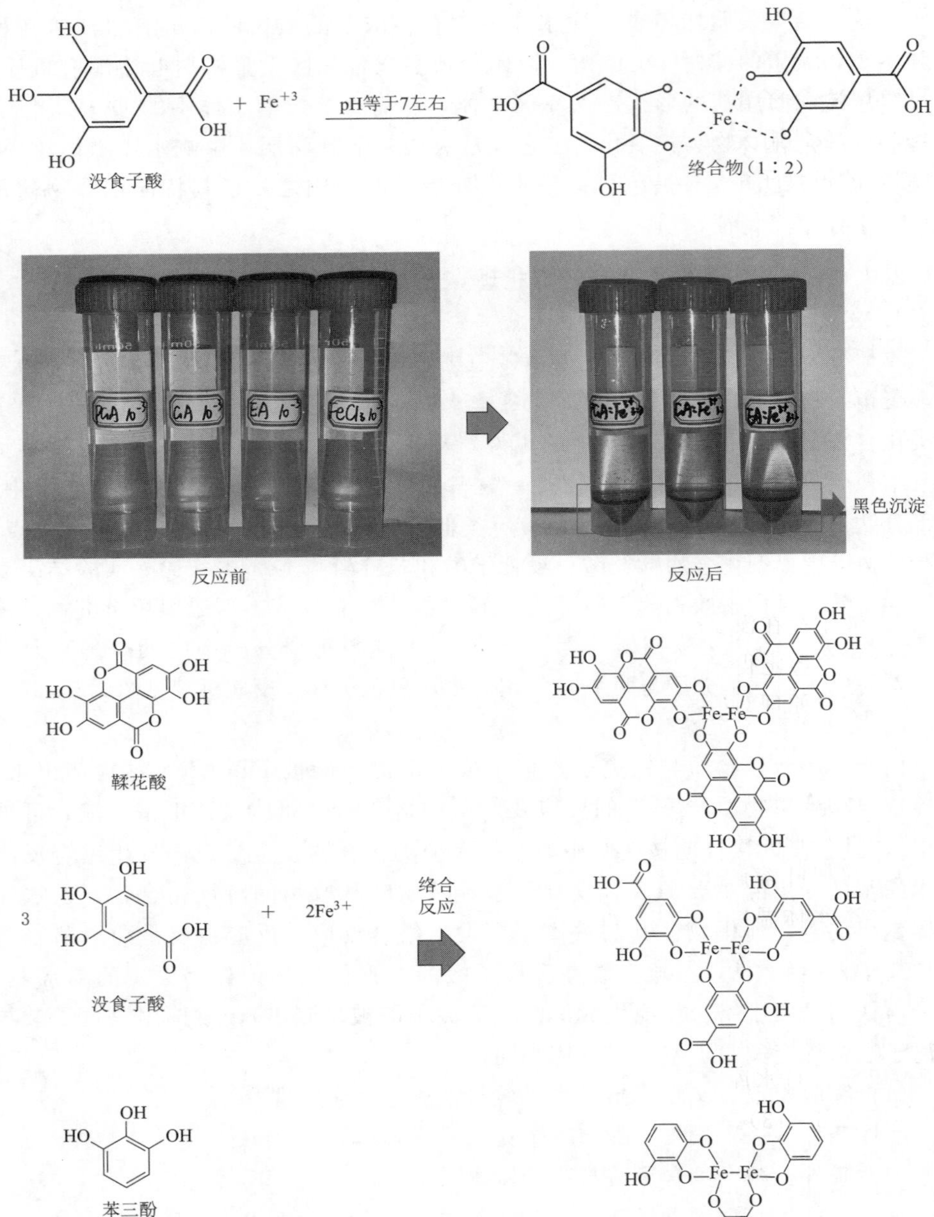

反应前　　　　　　　　　　　　　　　　　　　反应后

图 2.6-10　鞣花酸、没食子酸和苯三酚与 Fe^{3+} 反应的实验及预测的方程
（其中 PGA、GA 和 EA 分别为苯三酚、没食子酸和鞣花酸的简写）

（2）实验流程。

1）没食子酸与 Fe^{3+} 的络合反应摩尔比是 2：1，为了使每个铁离子都能结合两个没食子酸，可以使没食子酸浓度稍大一些。

2）没食子酸溶液的配制：浓度为 1.75×10^{-3} mol/L。用天平称取没食子酸粉末 59.5mg，将称好的没食子酸粉末倒入圆底烧瓶中，再往里加入 200mL 甲醇溶液，使其充分溶解。

3）氯化铁溶液的配置：浓度为 10^{-3} mol/L。用天平称取氯化铁粉末 32.5mg，将称好的氯化铁粉末倒入圆底烧瓶中，再往里加入 200mL 蒸馏水，使其充分溶解。

4）反应过程：用移液枪取 2mL 没食子酸溶液加入离心管中，后再加入两次 1mL 的氯化铁溶液，观察现象。

图 2.6 - 11　没食子酸与 Fe^{3+}
反应的实验现象

（3）实验结果。由图 2.6 - 11 可见，没食子酸与 Fe^{3+} 反应立即生成黑色溶液而没有沉淀，说明该黑色溶液中存在没食子酸和铁络合物的中间体。取反应后的溶液采用 FT-ICR MS 进行分析，鉴定得到没食子酸和铁络合物中间体 $[C_{14}H_8O_{10}Fe]^-$（图 2.6 - 12），与文献实验原理对应。证明桉树中多酚类化合物是水库水体变黑的最主要原因。

3. 基于分子组成的水库泛黑机理

根据已有文献及本研究的认识，本文提出了基于分子组成层面的桉树人工林区水库水体泛黑形成机理。在秋冬季，大量桉树叶凋落，降雨径流会携带林区大量桉树叶溶解的苯三酚、没食子酸为母体的多酚类化合物进入库区水体。随着冬季水体温度的降低，水库分层结构被破坏，温跃层消失，水库沉积物中含有的大量金属离子如 Fe^{2+} 向上扩散至氧化还原界面迅速氧化成 Fe^{3+}，进一步与桉树叶溶解的多酚类化合物结合，反应生成大量金属-有机质络合物，形成黑色颗粒，进一步向上扩散使得水体泛黑。而在夏季，水体中无大量桉树叶溶解的有机质，且水库呈分层状态，Fe^{2+} 不会向上扩散，因此水体不会发生泛黑现象（图 2.6 - 13）。由此说明桉树叶浸泡液典型化合物与金属反应生成的金属-有机质络合物也是水体泛黑的主要致黑物质。

综上所述，根据本研究的鉴定识别和分析，桉树林区典型水库冬季水体泛黑的致黑物质主要多酚类化合物，其中高丰度的致黑特征物质为鞣花酸、没食子酸和苯三酚。这类多酚类化合物与水体中的铁、锰等金属离子反应产生金属-有机质络合物是水体泛黑的主要原因。

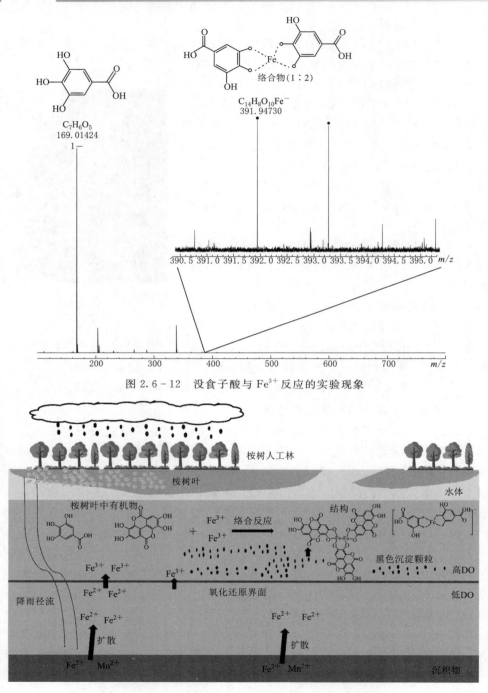

图 2.6 - 12　没食子酸与 Fe^{3+} 反应的实验现象

图 2.6 - 13　基于化学分子组成的水库泛黑机理示意图

2.7　典型水库出厂 DOM 特征与水致黑物质鉴定

2.7.1　典型水库进水水体和出厂水 DOM 特征

图 2.7-1 为采自金窝水库水厂进水口处的源水 DOM 样品和经水厂处理后的出厂水 DOM 样品 FT-ICR MS 分析质谱图。由图可知，金窝水库夏季进水口 DOM 样品的质荷比范围在 200~550 之间，整体相对丰度较平缓。相对丰度峰值出现在 $C_{18}H_{30}O_3S_1$ （325.18）、$C_{17}H_{28}O_3S_1$ （311.17）、$C_{19}H_{32}O_3S_1$ （339.20），均为含硫化合物。金窝水库夏季出厂水 DOM 样品的化合物组分相较进水变化不大，质荷比范围无明显变化，峰值化合物也与进水一致。冬季金窝水库水体由于受到桉树凋落物溶解影响，同时由于水库温度分层消失，底部沉积物释放向上扩散，使得冬季进水 DOM 样品较夏季化学组分更复杂，整体相对丰度更高，质荷比范围

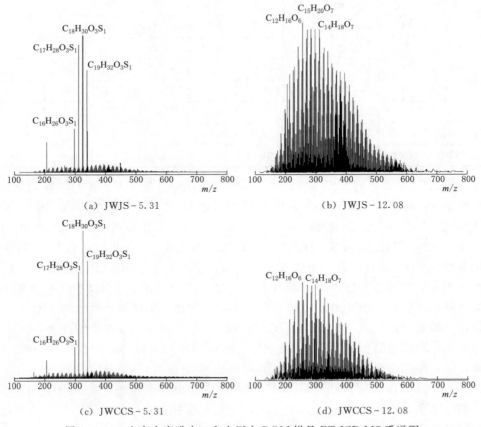

　　(a) JWJS-5.31　　　　　　　　　　　　(b) JWJS-12.08

　　(c) JWCCS-5.31　　　　　　　　　　　(d) JWCCS-12.08

图 2.7-1　金窝水库进水口和出厂水 DOM 样品 FT-ICR MS 质谱图

在 150～650 之间，峰值化合物主要为含氧化合物，出现在 $C_{12}H_{16}O_6$（255.09）、$C_{15}H_{20}O_7$（311.11）、$C_{14}H_{18}O_7$（297.10）。冬季金窝水库出厂水 DOM 较夏季质荷比范围变化不大，但整体相对丰度更低，峰值化合物不变。从表 2.7-1 也可以看出，无论是夏季还是冬季，进水的 DOM 样品与出厂水 DOM 样品化合物各平均强度权重分子参数较接近。说明金窝水库的水源经过水厂处理后，对其中的溶解性有机物没有明显的去除效果。

表 2.7-1　典型水库进水和出厂水 DOM 样品平均强度权重分子参数

样　　品	m/z_{wa}	C_{wa}	H_{wa}	O_{wa}	H/C_{wa}	O/C_{wa}	DBE_{wa}	$AI_{mod\,wa}$
JWJS-5.31	390.03	19.00	23.43	7.95	1.23	0.43	7.93	0.31
JWJS-12.08	359.25	16.87	19.25	8.19	1.14	0.50	7.88	0.35
JWCCS-5.31	381.97	18.88	24.28	7.47	1.28	0.41	7.36	0.49
JWCCS-12.08	347.5	16.20	19.15	7.98	1.19	0.52	7.26	0.32
TBJS-6.23	400.34	18.99	21.07	9.03	1.10	0.43	9.11	0.36
TBJS-11.24	348.06	17.18	20.65	7.27	1.19	0.43	7.47	0.34
TBCCS-6.23	403.98	19.81	23.66	8.51	1.19	0.44	8.61	0.32
TBCCS-11.24	339.97	16.76	20.78	7.08	1.23	0.43	7.00	0.32
NGLJS-5.31	364.68	18.17	21.89	7.51	1.20	0.41	7.87	0.34
NGLJS-12.08	364.73	17.07	19.95	8.31	1.18	0.52	7.77	0.35
NGLCCS-5.31	346.34	17.40	21.80	6.81	1.26	0.41	7.15	0.33
NGLCCS-12.08	377.42	17.87	21.12	8.32	1.22	0.50	8.01	0.33

图 2.7-2 为天雹水库水厂进水口处的源水 DOM 样品和经水厂处理后的出厂水 DOM 样品 FT-ICR MS 分析质谱图。由图可知，天雹水库夏季进水口 DOM 样品的质荷比范围在 150～670 之间，相对丰度峰值出现在 $C_{10}H_{14}O_5S_1$（245.05）、$C_{15}H_{20}O_7$（311.11）、$C_{14}H_{18}O_7$（297.10），为 CHOS 化合物和 CHO 类化合物。天雹水库夏季出厂水相较于进水，质荷比范围减小，整体相对丰度明显降低，这可能与水厂经过消毒后大部分 CHO 分子被去除有关。夏季出厂水 CHOS 相对丰度较进水则明显增加，出现多个突出的高 H/C 化合物，如 $C_{18}H_{30}O_3S_1$（325.18）、$C_{17}H_{28}O_3S_1$（311.17），反映出 CHOS 在水处理工艺中较难去除。冬季天雹水库进水 DOM 样品的质荷比范围在 150～600 之间，以 CHO 化合物为主，CHO 相对丰度峰值出现在 $C_{15}H_{20}O_6$（295.12）、$C_{15}H_{20}O_7$（311.11）、$C_{16}H_{32}O_2$（255.23）。冬季出厂水相较于进水分子相对丰度整体减小，CHO 相对丰度峰值不变。无论夏季还是冬季，天雹水库进水和出厂水各平均强度权重分子参数相差不大（表 2.7-1）。

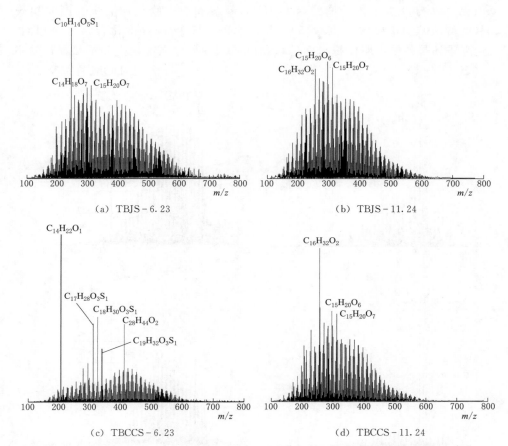

图 2.7-2　天雹水库进水口和出厂水 DOM 样品 FT-ICR MS 质谱图

　　图 2.7-3 为非桉树林区那甘簏水库水厂进水口处的源水 DOM 样品和经水厂处理后的出厂水 DOM 样品 FT-ICR MS 分析质谱图。由图可知，那甘簏水库夏季进水口 DOM 样品的质荷比范围在 $120 \sim 640$ 之间，主要为含氧化合物，CHO 相对丰度峰值出现在 $C_{17}H_{26}O_3$（277.18）、$C_{16}H_{32}O_2$（255.23）、$C_{10}H_{12}O_7$（163.08）。那甘簏水库出厂水相较于进水，质荷比范围减小，为 $150 \sim 550$ 之间，分子相对丰度趋于平缓。CHO 的峰值化合物组分不变，而 CHOS 的相对丰度明显增加，如 $C_{12}H_{26}O_4S_1$（265.15）。冬季那甘簏水库进水水样质荷比的范围在 $150 \sim 600$ 之间，CHO 相对丰度峰值出现在 $C_{14}H_{18}O_7$（297.10）、$C_{15}H_{20}O_7$（311.11）、$C_{12}H_{16}O_6$（255.08）。那甘簏水库冬季出厂水 DOM 样品的质荷比范围较进水无明显变化，但分子相对丰度趋于平缓，CHO 相对丰度峰值出现在 $C_{18}H_{22}O_9$（381.12）、$C_{19}H_{24}O_9$（395.13），出厂水的 CHO

峰值化合物与进水不同，推测与 CHO 的降解和微生物代谢有关。同时出现 CHOS 峰值 $C_{12}H_{26}O_4S_1$（265.15），与进水的 CHOS 高强度化合物组分相同。无论夏季还是冬季，那甘麓水库进水和出厂水各平均强度权重分子参数相差不大（表 2.7-1）。

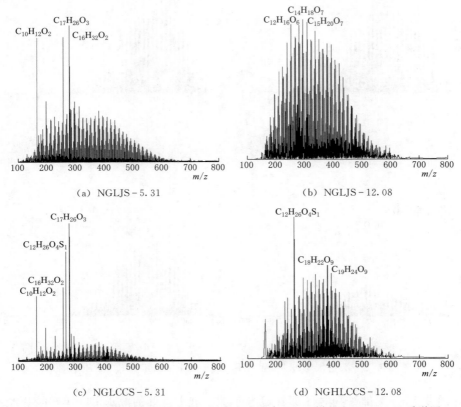

（a）NGLJS-5.31　　　　　　　　　（b）NGLJS-12.08

（c）NGLCCS-5.31　　　　　　　　（d）NGHLCCS-12.08

图 2.7-3　那甘麓水库水厂进水口源水和出厂水 DOM 样品 FT-ICR MS 质谱图

综上所述，无论是桉树林区的水库还是非桉树林区水库，源水经过水厂进行水处理之后，水中的 DOM 化合物组分相对丰度会趋于平缓，部分样品质荷比范围缩小，说明在水处理过程中部分分子被去除。部分样品经水厂处理后出现 CHOS 的峰值化合物，这可能与 CHOS 化合物分子较难去除有关。出厂水水样的 CHO、CHOS 峰值化合物几乎与进水相同，出厂水 DOM 样品各平均强度权重分子参数和进水相比变化不大，说明目前的水处理工艺，对于源水中 DOM 的去除效果较小。

如图 2.7-4 所示，金窝水库夏季进水口水体化合物类型主要为木质素、脂类和单宁，夏季出厂水化合物类型与进水口相差不大，但脂类化合物强度比例

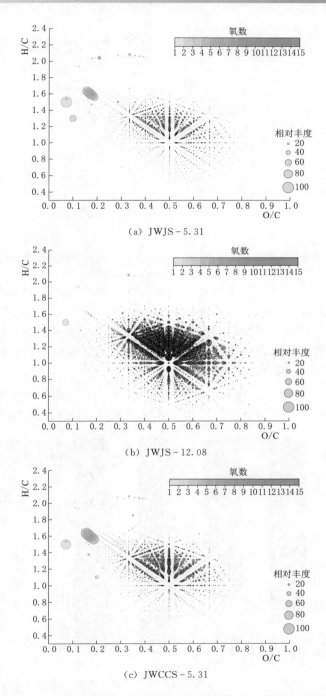

(a) JWJS-5.31

(b) JWJS-12.08

(c) JWCCS-5.31

图 2.7-4（一）　金窝水库夏、冬季进水口表层水体和出厂水 DOM 样品 VK 图

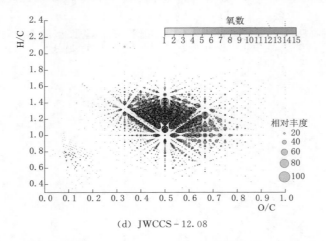

(d) JWCCS-12.08

图 2.7-4（二）　金窝水库夏、冬季进水口表层水体和出厂水 DOM 样品 VK 图

明显增加。冬季金窝水库进水口化合物相对强度更大，以高氧数的木质素类化合物为主，其次是单宁酸类，高强度的脂类化合物消失，木质素类与单宁类化合物相对强度比例明显增加（图 2.7-5），可能与冬季水体受到桉树凋落物溶解有关，同时可能还受到水库翻库，底部沉积物中的有机质向上迁移影响。冬季金窝水库出厂水主要化合物类型与进水口一致。

如图 2.7-6 所示，天雹水库冬季进水口水体 DOM 主要由木质素、稠环芳烃和单宁类化合物组成，而出厂水中出现了较多的高强度脂类化合物，这些脂

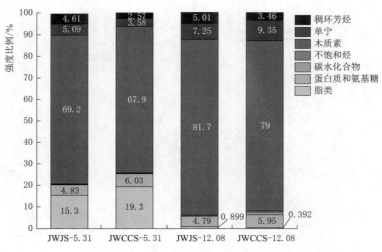

图 2.7-5　金窝水库夏、冬季进水口表层水体和
出厂水 DOM 样品 VK 图

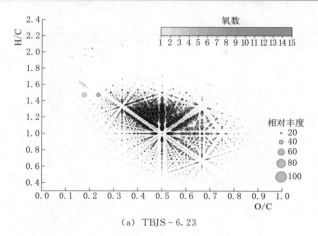

（a）TBJS-6.23

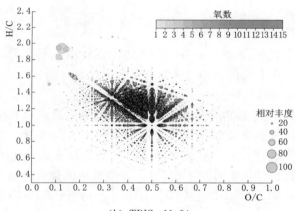

（b）TBJS-11.24

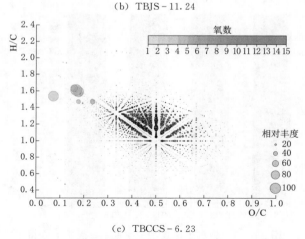

（c）TBCCS-6.23

图 2.7-6（一）　天雹水库夏、冬季进水口表层水体和出厂水 DOM 样品 VK 图

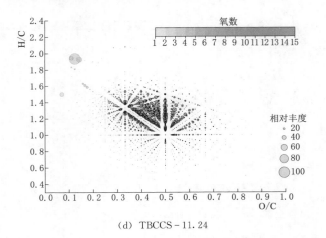

(d)　TBCCS - 11.24

图 2.7 - 6（二）　天雹水库夏、冬季进水口表层水体和出厂水 DOM 样品 VK 图

类化合物主要为含硫化合物，可能与含硫化合物较难去除有关。冬季，天雹水库进水口水体以木质素类化合物为主，强度占比较大（图 2.7 - 7）。出厂水和进水口水体化合物类型变化不大。

图 2.7 - 8 显示，非桉树林区水库那甘麓水库夏季进水口水体化合物主要以木质素为主，其实是蛋白质和糖基质，同时含有不少高丰度的脂类化合物，这些脂类化合物为含氧化合物，推测来源于马尾松。夏季出厂水与进水口水体化合物类型的强度比例变化不大（图 2.7 - 9），但整体的化合物数量明显减少，相对强度也减小，说明出厂水中的大部分分子已经消除。冬季那甘麓水库进水口

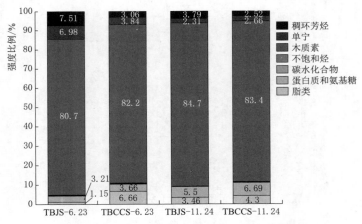

图 2.7 - 7　天雹水库夏、冬季进水口表层水体和
出厂水 DOM 样品 VK 图

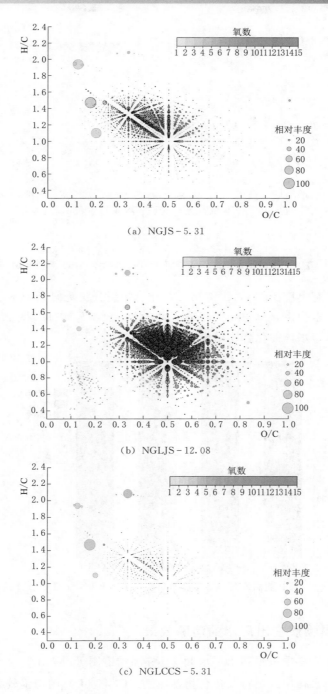

图 2.7-8（一）　那甘麓水库夏、冬季进水口表层水体和出厂水 DOM 样品 VK 图

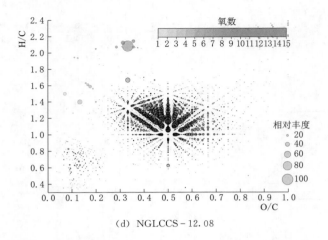

(d) NGLCCS-12.08

图 2.7-8（二）　那甘簏水库夏、冬季进水口表层水体和出厂水 DOM 样品 VK 图

水体较夏季具有更广泛的 O/C 和 H/C，化合物组分更为复杂。冬季进水口水体化合物以木质素为主，单宁和稠环芳烃的强度占比明显增加（图 2.7-9）。冬季出厂水和进水口水体的化合物组成变化不大。

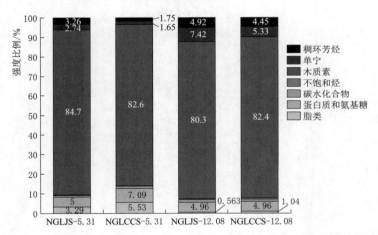

图 2.7-9　那甘簏水库夏、冬季进水口表层水体和出厂水 DOM 样品 VK 图

2.7.2　致黑物质在出厂水的消除效果

从典型水库冬季进水和出厂水 DOM 样品质谱图可以看出，金窝水库和天雹水库的进水口水样中致黑特征化合物鞣花酸（$C_{14}H_6O_8$）的峰强较高，但在出厂水中强度明显降低，说明出厂水中的致黑特征物质基本消除。

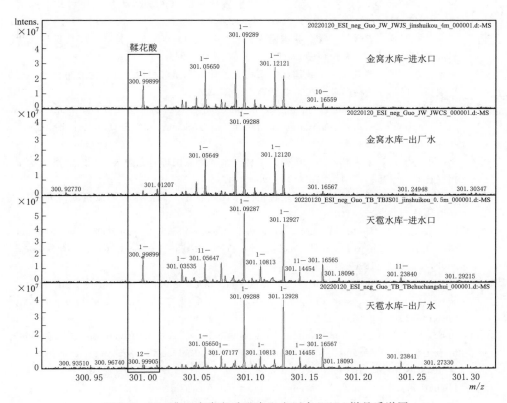

图 2.7-10 典型水库冬季进水和出厂水 DOM 样品质谱图

参 考 文 献

[1] 杨钙仁，于婧睿，苏晓琳，等. 桉树人工林黑水发生环境及其对鱼类的影响 [J]. 西南农业学报，2016，29（2）：445-450.

[2] Hladyz S，Watkins S C，Whitworth K L，et al. Flows and hypoxic blackwater events in managed ephemeral river channels [J]. Journal of Hydrology，2011，401（1）：117-125.

[3] Morrongiello J R，Bond N R，Crook D A，et al. Eucalyptus leachate inhibits reproduction in a freshwater fish [J]. Freshwater Biology，2011，56（9）：1736-1745.

[4] Bernhard-Reversat F. The leaching of Eucalyptus hybrids and Acacia auriculiformis leaf litter：laboratory experiments on early decomposition and ecological implications in congolese tree plantations [J]. Applied Soil Ecology，1999，12（3）：251-261.

[5] 伍琪，任世奇，项东云，等. 四种南方常见速生树种凋落叶浸泡实验研究 [J]. 生态科学，2018，37（6）：60-66.

［6］　胡玲玲，倪利晓，荣诗怡，等. 广西速生桉种植区水库翻黑水形成原因初步探究［J］. 环境科技，2018，31（6）：18－24，48.

［7］　李一平，罗凡，郭晋川，等. 我国南方桉树（Eucalyptus）人工林区水库突发性泛黑形成机理初探［J］. 湖泊科学，2018，30（1）：15－24.

［8］　朱雅，李一平，罗凡，等. 我国南方桉树人工林区水库沉积物污染物的分布特征及迁移规律［J］. 环境科学，2020，41（5）：2247－2256.

［9］　Yang G，Wen M，Deng Y，et al. Occurrence patterns of black water and its impact on fish in cutover areas of Eucalyptus plantations［J］. Science of The Total Environment，2019，693：133393.

［10］　李一平，罗凡，李荣辉，等. 桉树人工林区水体泛黑机理研究进展［J］. 河海大学学报（自然科学版），2019，47（5）：393－401.

［11］　李琰，倪利晓，蒋志云，等. 桉树种植区水库秋冬季"翻黑水"形成机理研究［J］. 环境科技，2021，34（6）：7－13.

［12］　Leenheer J A，Croue J P. Peer Reviewed：Characterizing Aquatic Dissolved Organic Matter［J］. Environmental Science & Technology，American Chemical Society，2003，37（1）：18A－26A.

［13］　Tranvik L J，Cole J J，Prairie Y T. The study of carbon in inland waters-from isolated ecosystems to players in the global carbon cycle［J］. Limnology and Oceanography Letters，2018，3（3）：41－48.

［14］　Phong D D，Hur J. Non-catalytic and catalytic degradation of effluent dissolved organic matter under UVA-and UVC-irradiation tracked by advanced spectroscopic tools［J］. Water Research，2016，105：199－208.

［15］　Heibati M，Stedmon C A，Stenroth K，et al. Assessment of drinking water quality at the tap using fluorescence spectroscopy［J］. Water Research，2017，125：1－10.

［16］　Sgroi M，Roccaro P，Korshin G V，et al. Monitoring the Behavior of Emerging Contaminants in Wastewater-Impacted Rivers Based on the Use of Fluorescence Excitation Emission Matrixes（EEM）［J］. Environmental Science & Technology，2017，51（8）：4306－4316.

［17］　Shi W，Zhuang W－E，Hur J，et al. Monitoring dissolved organic matter in wastewater and drinking water treatments using spectroscopic analysis and ultra-high resolution mass spectrometry［J］. Water Research，2021，188：116406.

［18］　Maizel A C，Remucal C K. The effect of advanced secondary municipal wastewater treatment on the molecular composition of dissolved organic matter［J］. Water Research，2017，122：42－52.

［19］　Ly Q V，Hur J. Further insight into the roles of the chemical composition of dissolved organic matter（DOM）on ultrafiltration membranes as revealed by multiple advanced DOM characterization tools［J］. Chemosphere，2018，201：168－177.

［20］　Chen W，Zhuo X，He C，et al. Molecular investigation into the transformation of dissolved organic matter in mature landfill leachate during treatment in a combined membrane bioreactor-reverse osmosis process［J］. Journal of Hazardous Materials，2020，

397: 122759.

[21] Sleighter R L, Hatcher P G. The application of electrospray ionization coupled to ultrahigh resolution mass spectrometry for the molecular characterization of natural organic matter [J]. Journal of Mass Spectrometry, 2007, 42 (5): 559 – 574.

[22] Qi Y, Xie Q, Wang J – J, et al. Deciphering dissolved organic matter by Fourier transform ion cyclotron resonance mass spectrometry (FT-ICR MS): from bulk to fractions and individuals [J]. Carbon Research, 2022, 1 (1): 3.

[23] Hsu C S, Hendrickson C L, Rodgers R P, et al. Petroleomics: advanced molecular probe for petroleum heavy ends [J]. Journal of Mass Spectrometry, 2011, 46 (4): 337 – 343.

[24] Minor E C, Swenson M M, Mattson B M, et al. Structural characterization of dissolved organic matter: a review of current techniques for isolation and analysis [J]. Environmental Science: Processes & Impacts, The Royal Society of Chemistry, 2014, 16 (9): 2064 – 2079.

[25] Mazzoleni L R, Saranjampour P, Dalbec M M, et al. Identification of water-soluble organic carbon in non-urban aerosols using ultrahigh-resolution FT-ICR mass spectrometry: organic anions [J]. Environmental Chemistry, 2012, 9 (3): 285.

[26] Riedel T, Dittmar T. A Method Detection Limit for the Analysis of Natural Organic Matter via Fourier Transform Ion Cyclotron Resonance Mass Spectrometry [J]. Analytical Chemistry, 2014, 86 (16): 8376 – 8382.

[27] Koch B P, Dittmar T. From mass to structure: an aromaticity index for high - resolution mass data of natural organic matter [J]. Rapid Communications in Mass Spectrometry, 2006, 20 (5): 926 – 932.

[28] Geng C – X, Cao N, Xu W, et al. Molecular Characterization of Organics Removed by a Covalently Bound Inorganic – Organic Hybrid Coagulant for Advanced Treatment of Municipal Sewage [J]. Environmental Science & Technology, 2018, 52 (21): 12642 – 12648.

[29] Kellerman A M, Dittmar T, Kothawala D N, et al. Chemodiversity of dissolved organic matter in lakes driven by climate and hydrology [J]. Nature Communications, 2014, 5 (1): 3804.

[30] Seidel M, Beck M, Riedel T, et al. Biogeochemistry of dissolved organic matter in an anoxic intertidal creek bank [J]. Geochimica et Cosmochimica Acta, 2014, 140: 418 – 434.

[31] Song F, Li T, Shi Q, et al. Novel Insights into the Molecular-Level Mechanism Linking the Chemical Diversity and Copper Binding Heterogeneity of Biochar-Derived Dissolved Black Carbon and Dissolved Organic Matter [J]. Environmental Science & Technology, 2021, 55 (17): 11624 – 11636.

[32] Ruan M, Wu F, Sun F, et al. Molecular-level exploration of properties of dissolved organic matter in natural and engineered water systems: A critical review of FTICR-MS application [J]. Critical Reviews in Environmental Science and Technology, 2023, 53 (16): 1534 – 1562.

[33] Cortés-Francisco N, Harir M, Lucio M, et al. High-field FT-ICR mass spectrometry

and NMR spectroscopy to characterize DOM removal through a nanofiltration pilot plant [J]. Water Research，2014，67：154 – 165.

[34] Wang X，Zhang H，Zhang Y，et al. New Insights into Trihalomethane and Haloacetic Acid Formation Potentials：Correlation with the Molecular Composition of Natural Organic Matter in Source Water [J]. Environmental Science & Technology，2017，51 (4)：2015 – 2021.

[35] Zhang H，Zhang Y，Shi Q，et al. Characterization of low molecular weight dissolved natural organic matter along the treatment trait of a waterworks using Fourier transform ion cyclotron resonance mass spectrometry [J]. Water Research，2012，46 (16)：5197 – 5204.

[36] McDonough L K，O' Carroll D M，Meredith K，et al. Changes in groundwater dissolved organic matter character in a coastal sand aquifer due to rainfall recharge [J]. Water Research，2020，169：115201.

[37] Liu S，He Z，Tang Z，et al. Linking the molecular composition of autochthonous dissolved organic matter to source identification for freshwater lake ecosystems by combination of optical spectroscopy and FT-ICR-MS analysis [J]. Science of The Total Environment，2020，703：134764.

[38] Melendez-Perez J J，Martínez-Mejía M J，Awan A T，et al. Characterization and comparison of riverine，lacustrine，marine and estuarine dissolved organic matter by ultra-high resolution and accuracy Fourier transform mass spectrometry [J]. Organic Geochemistry，2016，101：99 – 107.

[39] Linkhorst A，Dittmar T，Waska H. Molecular fractionation of dissolved organicmatter in a shallow subterranean estuary：The role of the iron curtain [J]. Environmental Science & Technology 2017，51 (3)：1312 – 1320.

[40] Shi Q，Hou D，Chung KH，et al. Characterization of heteroatom compounds in a crude oil and its saturates，aromatics，resins，and asphaltenes (SARA) and non-basic nitrogen fractions analyzed by negative-ion electrospray ionization Fourier transformion cyclotron resonance mass spectrometry [J]. Energy & Fuels，2010，24 (4)：2545 – 2553.

[41] Gioumouxouzis CI，Kouskoura MG，Markopoulou CK. Negative electrospray ionization mode in mass spectrometry：a new perspective via modeling [J]. Journal of chromatography B-Analytical technologies in the biomedical and life sciences，2015，998：97 – 105.

[42] Kujawinski EB，Behn MD. Automated analysis of electrospray ionization Fourier transform ion cyclotron resonance mass spectra of natural organic matter [J]. Analytical Chemistry，2006，78 (13)：4363 – 4373.

[43] Antony R，Grannas AM，Willoughby AS，et al. Origin and sources of dissolved organic matter in snow on the East Antarctic ice sheet [J]. Environmental Science & Technology，2014，48 (11)，6151 – 6159.

[44] Gioumouxouzis CI，Kouskoura MG，Markopoulou CK. Negative electrospray ionization mode in mass spectrometry：a new perspective via modeling [J]. Journal of chromatography B-Analytical technologies in the biomedical and life sciences，2015，998：97 – 105.

[45] D'Andrilli J, Cooper WT, Foreman CM, et al. An ultrahigh-resolution mass spectrometry index to estimate natural organic matter lability [J]. Rapid Communications in Mass Spectrometry, 2015, 29 (24), 2385 – 2401.

[46] Antony R, Grannas AM, Willoughby AS, et al. Origin and sources of dissolved organic matter in snow on the East Antarctic ice sheet [J]. Environmental Science & Technology, 2014, 48 (11), 6151 – 6159.

[47] 连成叶. 蓝黑墨水字迹褪变机理探讨 [J]. 福建师范大学学报 (自然科学版), 2008, 24 (2): 47 – 49.

[48] Fazary AE, Taha M, Ju YH. Iron complexation studies of gallic acid [J]. Journal of Chemical & Engineering Data, 2009, 54 (1): 35 – 42.

[49] Hynes MJ, Coinceanainn Mó. The kinetics and mechanisms of the reaction of iron (Ⅲ) with gallic acid, gallic acid methyl ester and catechin [J]. Journal of inorganic biochemistry, 2001, 85 (2 – 3): 131 – 142.

[50] Zhang LJ. Study on the surface modification of bacteria based on tannic acid-iron multifunctional coating and its antibacterial activity [D]. Anhui: Anhui Medical University, 2023.

第3章　水体致黑特征物质的毒理性研究

3.1　生物毒性测试方法

环境中的微污染物已成为被广泛关注的环境问题之一，这些微污染物包括药品及个人护理品、类固醇激素、表面活性剂、农药、增塑剂和其他新兴污染物等。虽然微污染物通常以微量浓度存在于水环境中，但仍可能会对水生生物和人类健康造成危害，因此需要对其进行监测与管控。目前，已有大量文献报道了通过化学分析手段获取污水处理厂出水中各类微污染物信息。然而，化学分析手段存在一些不足，其一方面需要了解物质信息或拥有标品，另一方面，分析水中全部的化学物质存在困难并且已有研究表明，环境复杂水样中化合物之间的复合作用，尤其是大多数的生物毒性或生物效应无法通过目标化合物来完全解释。因此，为了综合评价水样中化合物对于生物的毒性效应，生物测试被广泛使用。其有利于弥补化学分析在未知物质和混合效应方面的局限性，是水质毒性评估的重要工具。

生物测试方法包括体外生物测试与体内生物测试。体外生物测试指在体外培养从通常的生物学环境中分离出的生物体组分进行的实验。水环境研究中的体外生物测试包括细胞毒性、遗传毒性以及重组受体报告基因细胞实验（以下简称报告基因法）。其中，遗传毒性可通过体外和体内两种方式进行，由于主要通过体外培养细胞或菌株进行，因此将其归为体外生物测试进行论述。体内生物测试与体外生物测试相反，通常在动植物整个生物体体内进行，涉及动物的实验往往需要考虑动物伦理问题。水环境研究中的体内生物测试通常使用藻类、无脊椎动物、鱼类等不同营养级的水生生物进行暴露，以生长状况、死亡率、亚致死率（发育异常、组织损伤等）繁殖状况、生物标志物变化等为毒性终点，反映水样对生物的真实毒性。

3.1.1　体外生物测试

3.1.1.1　细胞毒性

细胞毒性通过体外培养动物组织细胞来检测水样对细胞的损伤。一般使用细胞计数试剂盒检测脱氢酶、ATP 等来反应细胞活性，通过吸光度相对定量细胞毒性。常用于细胞毒性检测的细胞包括中国仓鼠卵巢（CHO）细胞、人肝癌细胞系（HepG2）等。例如，Wencheng Huang 等使用 CHO 细胞检测紫外对氯化再生水细胞毒性的去除，通过检测细胞内脱氢酶活性发现紫外线照射能够去除氯化水 22.9%～41.7% 的细胞毒性。Zhigang Li 等对我国华东地区 12 个污水处理厂氯化出水的消毒副产物进行了分析。根据 CHO 细胞毒性的数据，指出卤乙腈和亚硝胺对细胞毒性起到了主要贡献，此类消毒副产物应当重点关注。Yue Yu 等使用 HepG2 细胞进行了细胞毒性实验，通过检测胞内脱氢酶、ABC 转运蛋白活性和活性氧水平等指标，多方面评价了不同污水处理厂的处理效果。其他细胞例如人扩展多能干细胞、虹鳟鱼 RTG-2 细胞系等也可用于细胞毒性检测。此外，Guangbo Qu 等还使用大鼠神经元细胞线粒体酶活力反映地表水对神经细胞的毒性，并在一家溴化阻燃剂工厂附近的河流检出此类毒性。细胞毒性在饮用水消毒副产物、污水处理厂出水和地表水毒性检测方面均有应用，反映了水样对细胞的综合毒性，具有灵敏、便捷的优点，是水质毒性评估的重要工具。值得注意的是，不同细胞对不同污染物的耐受能力不同。因此，通常更加关注使用同种细胞得到的横向对比结果，而不直接关注毒性数值。

3.1.1.2　遗传毒性

一些污染物如醛类、含卤有机物等在低浓度下可能不会导致细胞死亡或活力降低，但是却能对遗传物质造成损伤，表现为遗传毒性。遗传毒性的检测方法通常包括彗星实验、微核实验、应急反应 umuC 基因表达实验（SOS/umu 实验）和鼠伤寒沙门氏菌致突变实验（Ames）等。遗传毒性检测在饮用水消毒副产物（Disinfection by-products，DBPs）研究中广泛应用。目前已发现三卤甲烷、氯酸盐卤乙酸、卤乙腈、亚硝胺、卤代醛酮等大量 DBPs 的遗传毒性，并且很多未在监管名单内。Wencheng Huang 等通过磷酸化 H2AX 为毒性终点的遗传毒性实验发现紫外照射有利于去除氯化饮用水 33.1%～55.5% 的遗传毒性，并确定了溴氯乙腈和二氯乙腈为毒性的主要贡献物质。由于公众对饮用水健康的高度关注，遗传毒性实验是今后开发更加高效安全的饮用水消毒技术、研究 DBPs 毒性数据并完善监管名单的重要手段。

除了在饮用水 DBPs 方面的研究，遗传毒性也应用于地表水和污水处理厂出水的毒性研究。地表水方面，Ying Shao 等对多瑙河进行水样提取与组分分离，使用斑马鱼肝细胞进行了微核实验，观察到几个分离组分导致细胞形成了微核（代表遗传物质损伤），并且与胚胎损伤具有相关性；B. Zegura 等通过细菌 umu 和哺乳动物细胞微核实验等方法检测出 28 个地表水水样中 25% 的样品具有遗传毒性。对于污水处理厂出水，关注点最多的是臭氧处理出水的遗传毒性研究，部分研究表明，臭氧化出水相比处理前遗传毒性增加，而另一部分研究发现臭氧化可以降低二级出水的遗传毒性。出现两种不同结论在于一方面可能因为污水处理厂水质情况复杂，另一方面源于遗传毒性实验采用了不同菌株和细胞。

3.1.1.3　报告基因法

某些污染物即使在质量浓度很低（ng/L）的情况下，也能通过与细胞核受体结合引发生物反应，而并不产生细胞毒性或遗传物质损伤。当污染物与细胞受体结合时，激活或拮抗受体基因表达，引起生物体化学信息物质表达紊乱，同样被认为是对生物产生不利影响。此类影响有别于细胞毒性或遗传毒性，没有明显毒害作用，因此通常被称为水样的生物效应或生物活性。报告基因法则用于检测水样是否具有扰乱受体表达的生物活性。此类检测方法具有相似的原理，即将具有特定受体基因和荧光素酶（或 β-半乳糖苷酶等）基因的质粒稳定转染至某些细胞中，当水样中的污染物激活受体时，同时触发荧光素酶（或 β-半乳糖苷酶等）表达，与培养液底物反应形成剂量依赖性荧光或颜色变化，可通过光度计定量。

报告基因法通常需要使用标准物质进行阳性对照，以得到当量浓度（Equivalent，EQ），例如雌激素活性通常以 17β-雌二醇（17β-Estradiol，E2）当量进行表示（E2 equivalent，EEQ，ng/L），使得实验数据具有一定可比较性。报告基因法具有灵敏度高的优点。但是，水样使细胞产生反应并不一定代表会对生物个体产生影响，因此，体外测试结果需大于某当量值才会认为该水样对生物个体具有风险，这一值则是效应触发值（EBT）。EBT 给出了一条界线，回答了水样有无风险。这凸显了建立可靠 EBT 数据库的重要性，是近年来研究的热点。使用环境质量标准或水环境中大量测量的数据已被提议用于推导体外测试 EBT。此外通过体外与体内实验结合也可用于推导 EBT，例如 F. Brion 等通过转基因斑马鱼胚胎的脑部绿色荧光蛋白的产生（代表脑部雌激素受体被激活）与体外实验相结合使用冰山模型、回归分析等分析方法给出了雌激素效应的 EBT 为 0.18～0.56ng/L EEO，该 EBT 定义为在斑马鱼胚胎中测量的体内效应。表 3.1-1 总结了一些研究报道的 EBT。其中雌激素活性关注较多，其 EBT 的研究相对充分。今后应加强其他活性的 EBT 研究，使得未来有更加充足的数据提供可靠的 EBT，并在 EBT 的来源上达成共识。

当确定可靠的 EBT 后，可根据式（3.1-1）计算风险商（Risk quotient，RQ），以评估水样的风险情况。

$$RQ = EQ/EBT \qquad\qquad (3.1-1)$$

化学物质与生物效应之间的关系非常复杂。使用不同的测试细胞系建立的 EBT 有差异，且针对不同生物，EBT 也不同，例如自然水体中对不同鱼类、

无脊椎动物的 EBT 可能不同，其与饮用水对人类健康影响的 EBT 也不同。此外短期暴露 EBT 大于长期暴露 EBT。因此 EBT 的获得方法尚未达成共识，且建立可靠的 EBT 数据存在困难。

表 3.1–1   EBT 相关研究成果

活性终点	生物实验类别[a]	EBT[b]	注　释
ER 活性	ERα–CALUX	0.28ng/L EEQ	斑马鱼胚胎体内效应
	MELN	0.56ng/L EEQ	
	ER–GeneBLAzer	0.24ng/L EEQ	
	Hela–9903	0.18ng/L EEQ	
	YES	0.50ng/L EEQ	
	ER–CALUX	0.5ng/L EEQ	由最低有影响浓度推导
	YES、ER–CALUX、MELN、MVLN	0.1～0.4ng/L EEQ	由多篇文献总结得出，位于上行的是长期暴露 EBT，下行为短期暴露
		0.5～2.0ng/L EEQ	
	ER–CALUX	3.8ng/L EEQ	针对饮用水得出
	YES	12ng/L EEQ	
	ER–CALUX	0.2ng/L EEQ	针对饮用水得出
AR 活性	AR–GeneBLAzer	14ng/L TTEQ	针对饮用水得出
	AR–CALUX	11ng/L DGTEQ	针对饮用水得出
PR 活性	PR–CALUX	560ng/L LevoEQ	针对饮用水得出
GR 活性	GR–CALUX	21～150ng/L DexaEQ	针对饮用水得出
抗–AR 活性	antiAR–CALUX	14.4μg/L FEQ	初步应用于地表水评估
抗–PR 活性	antiPR–CALUX	13ng/L REQ	初步应用于地表水评估

注　a：使用了不同的细胞系。CALUX：人 U2OS 骨肉瘤稳定转染人 ERα 受体基因（hERα）。MELN：人乳腺癌细胞（MCF7 细胞系）内源性 hERα。ER–GeneBLAzer：人胚胎肾 HEK293 细胞系稳定转染 hERα。Hela：人子宫颈癌细胞系。YES：酵母雌激素筛选实验。MVLN：雌激素受体控制下稳定转染荧光素酶基因的 MCF–7 细胞；b：阳性对照作为当量参考。EEQ：17β 雌二醇当量。TTEQ：睾酮当量。DGTEQ：二氢睾酮当量。LevoEQ：左炔诺酮当量。DexaEQ：地塞米松当量。FEQ：氟他胺当量。REQ：美服培酮（RU486）当量。

3.1.2　体内生物测试

体内生物测试旨在测试不同营养水平的代表性生物在死亡、发育、生长、繁殖、行为等终点的反应最初是为单一化学品的生物毒害作用评估而开发的。

由于污染物在生物体内存在传质、代谢等过程，体内生物实验能够相当真实地反映水样对水生生物的最终毒性。同时体内实验也是体外 *EBT* 值建立的重要依据。表 3.1-2 列举了一些体内生物测试常用的受试水生生物与毒性终点。

表 3.1-2　　　　　体内生物测试常用的受试水生生物与毒性终点

受试生物	水样类型	毒性终点	暴露时间	注　释
藻类 （*S. obliquus*）	市政污水处理厂进出水	生长抑制、叶绿素 a 浓度 SOD 活性、细胞膜完整性	72h	能够检出部分污水处理厂出水毒性没有削减，叶绿素 a 浓度、SOD 活性相对更敏感
藻类 （*S. obliquus*）	地表水	光合作用二阶段（PSⅡ）抑制	4.5h	39 个地点只有一处有抑制作用，化学分析表明可能主要归因于除草剂利奴隆
四种无脊椎动物 （*Lumbriculus variegatus*，*Chironomus riparius*，*Potamopyrgus antipodarum*，*Daphnia magna*）	污水处理厂臭氧化出水	存活率、干生物量、羽化时间、胚胎数量、个体数	7～28d	臭氧化出水对无脊椎动物产生一定抑制，夹杂带丝蚓（*L. variegatus*）表现最敏感
斑马鱼 （*Danio rerio*）胚胎	地表水	死亡率、孵化率、发育异常（畸形、心包水肿、卵黄囊水肿、血凝、色素沉着、眼缺陷等）	24～96h	对水样进行了浓缩
斑马鱼 （*Danio rerio*）胚胎	市政污水处理厂出水	死亡率、亚致死率、遗传毒性（彗星实验）、ABC 转运蛋白活性（反应细胞损伤）	24～48h	斑马鱼胚胎实验是废水毒性评估的灵敏有效工具，均测出与对照组显著差异
黑头呆鱼 （*Fathead minnow*）	回用水	成年雄性鱼血浆卵黄蛋白原含量（反映雌激素活性的生物标志物）	21d	实验组为对照组的 0.5～3.2 倍，表明影响较小

受试生物	水样类型	毒性终点	暴露时间	注　释
斑马鱼 (*Danio rerio*)	污水处理厂臭氧化出水	成年雄性鱼卵黄蛋白原基因表达，繁殖成功率、游泳行为	21d	几个终点均观察到相比对照组异常
褐鳟鱼 (*Salmo trutta f. fario*) 和虹鳟鱼 (*Oncorhynchus mykiss*)	臭氧化、活性炭深度处理前后水样	肝脏单加氧酶和EROD酶（反映二噁英类物质对鱼类胁迫的生物标志物）	40～100d	该研究支持臭氧活性炭深度处理，有利于改善鱼类健康
鳌虾 (*Astacus leptodactylus*)	市政污水处理厂出水	过氧化氢酶（CAT）、超氧化物歧化酶（SOD）活性、脂质过氧化（TBARS）和谷胱甘肽（GSH）水平（氧化应激生物标志物）	24～96h	是评价水样引起氧化应激的灵敏生物标志物
欧洲鲈鱼 (*Dicentrarchus labrax*)	毒性实验配制水样	乙酰胆碱酶活性（AchE）（反映神经毒性的生物标志物）	96h	—

　　藻类是初级生产者，在生态系统中扮演重要角色。藻类毒性实验通常反映水样中的除草剂类物质毒性，以藻类光合作用、叶绿素 a 浓度以及一些酶活性为毒性终点的实验似乎比测量生长抑制更加灵敏。这表明实验水样首先对藻类体内的生物反应产生影响，而不立刻对表观生长产生抑制。无脊椎动物在死亡率、生长抑制、繁殖情况等方面比成年鱼类更易受到影响，是体内生物测试常见的一类动物。鱼类实验常用的受试鱼类包括斑马鱼、日本青鳉等，尤其是斑马鱼，因其生长发育快、个体小、胚胎透明等优点使其成为常用的生物测试物种。鱼胚胎相对于成鱼更加灵敏，常用于短期暴露实验使用斑马鱼胚胎实验评估地表水和污水处理厂出水的毒性时，除了常规的死亡率、孵化率、发育异常等毒性终点，也可以进行遗传毒性的彗星实验或体内某些酶活性基因表达等测定。最近的一项研究还开发了视频分析方法记录并量化了斑马鱼胚胎的运动特征，以表征水样的神经毒性与藻类实验的几项指标类似，污染物可导致鱼类体内的生化反应发生改变，但暂时没有导致死亡或明显的组织损伤，因此使用污水处理厂出水或地表水暴露的成熟鱼类实验通常不会产生明显的死亡或组织损伤等情况，此时生物标志物成为了更好的选择。此外，代谢组、转录组等组学测

定也被用于全面评价生物体受到的干扰情况，某些指标需要受到长期的影响才会发生明显改变，因此需要对生物进行慢性暴露，也可以对自然水体中的生物直接进行捕捞测定某些指标，但对自然环境中的生物进行干扰不是一种好的选择。

体内生物测试往往使用原水对受试生物进行暴露，不对水样进行任何预处理，以保持水样最真实的毒性。然而，也有文献报道了对地表水进行富集浓缩和分级分离后对斑马鱼胚胎进行的生物毒性实验。这得益于斑马鱼胚胎体型小，所需水样少事实上由于水样不宜存放过久，涉及养鱼以及长期暴露的实验需要大量水样，其采集与运输会增加实验的繁琐性。

3.1.3　体外与体内生物测试的优缺点

体外与体内生物测试各有优缺点。对于体外生物测试，其优点为：①体外生物测试通过培养细胞或微生物进行，操作简单，实验周期相对较短，快速便捷；②不用考虑动物实验的伦理问题；③体外生物测试的报告基因法，具有一定的特异性，能够指示一类特定污染物，有利于与化学分析相结合；④体外生物测试通常只需要少量水样，由于需要经过固相萃取进行污染物富集，对水样的少量需求大大削减了实验成本和工作量。不足之处为：①体外生物测试的结果缺乏直接证据证明水样对生物的真实危害情况，尽管报告基因法的 EBT 值给出了体外生物测试结果有无风险的界线，但是学术界对 EBT 来源尚未达成共识，且 EBT 数据库尚不完善；②体外生物测试通常要进行过滤、调 pH、固相萃取与洗脱等前处理工作，以对污染物进行富集如何尽可能回收水样中具有活性的污染物并排除基质干扰存在挑战，并且对于此操作过程中是否保留了原水样的真实毒性仍不确定，相比之下，体内生物测试大部分情况直接使用原水暴露，更能反映水样的真实毒性；③可能出现假阳性、假阴性的结果。因此需对实验设计与实验过程进行严格把控，此外，报告基因法的受体激活和拮抗活性关系复杂，可能导致测试结果无法反映水样真实活性，需在分析方法与分子机理上进一步探究。而对于体内生物测试，优点在于其一方面能够反映水样的真实生物毒性，另一方面其也是体外生物测试 EBT 值建立的重要依据。不足之处除了动物实验伦理、所需水量大、实验周期相对较长等问题外水生生物可能会受到水体盐度、pH、悬浮物等其他环境因素干扰，也可能因额外的有机营养物而受到促进。正因为体内生物测试过于真实地反映了水样对生物的影响，因而可能掩盖水样中微污染物的影响，因此需要更加严谨的实验设计与操作。

通过体外与体内生物测试的优缺点对比可见，体外生物测试中，细胞毒性实验能够反映水样对细胞活力的抑制，是一种评价水样综合毒性的方法，适用范围较广；遗传毒性实验也被广泛使用，尤其在饮用水 DBPs 研究领域中非常重要；报告基因法中，内分泌干扰活性因其检出频率高、对生物影响大而受到广泛关注，是今后水质风险评估的重点关注对象；而 AhR、PXR 和 PPARγ 活性也应加强其毒理学研究。关于体内生物测试，斑马鱼胚胎实验因其快速、灵敏、所需水量少等优点而备受青睐，是体内生物测试的重要方法。

体内和体外生物测试相结合，能够多方面评价水质毒性和风险。然而这些研究通常只对每一项检测结果进行单独分析，尽管这些结果通常存在相关性，但仍缺乏对水样有多少风险下定论的依据。因此，制定根据生物测试结果评判水质优劣的标准非常重要。此外，生物测试应与化学分析相结合。尽管化学分析的物质通常难以解释全部的生物活性，但是以生物测试结果为导向进行的 EDA 方法能够减少基质干扰，有利于物质识别并筛选出导致生物活性的一类关键化合物。例如 Guangbo Qu 等使用神经细胞毒性为导向的 EDA 方法，从河流中筛选出一种新型神经毒性物质四溴双酚 A 二烯丙基醚（一种溴化阻燃剂）；L. Mijangos 等通过海胆生长抑制实验为导向的 EDA 方法筛选出污水处理厂出水中两种农药、两种抗抑郁药和两种驱虫剂为主要致毒物质。因此，生物测试结合化学分析，有利于识别未知污染物，为水环境中污染物的精准管控提供重要依据。

3.2　急性经口毒性方法

急性经口毒性是指一次或者在 24h 内多次重复经口给予实验动物受试物后，动物在短时间里出现的毒性效应。急性经口毒性试验作为检测和评价受试物毒性作用最基本的一项试验，既可作为急性毒性分级的依据，又可提供短期内经口接触受试物所产生的健康危害信息，大部分中草药和化学品的安全性评价都会首先进行急性经口毒性试验。半数致死量（LD_{50}）是传统急毒试验的一个关键指标，该指标可以衡量毒性大小与药物的优劣，能否测定出 LD_{50}，对后续试验至关重要。而传统急性经口毒性试验方法与新代替法指标要求不同，本书对急性经口毒性试验的试验方法进行归纳整理，并对传统方法与代替方法进行了比较，为进一步毒性试验提供剂量选择。

3.2.1　传统急性经口毒性试验方法

半数致死量（LD_{50}）指在固定时间（24～48h）内给予试验动物受试物后，能够引起动物死亡率达 50％ 的受试物剂量。通常用来表征急性经口毒性试验中，给予受试物后，试验动物在 48h 内出现的毒性反应（包括中毒体征或者死亡）。传统急毒方法需要精确的 LD_{50} 值，这类方法得到的数据具可信性，结论具有说服力。

3.2.1.1　霍恩氏法

霍恩氏法是最常见的传统的急性经口毒性试验方法，溶媒有水、油、醇等，各受试组动物保持灌胃体积相同，大鼠灌胃体积是 40mL/(kg·bw)、小鼠是 20mL/(kg·bw)。溶媒是蒸馏水时，大鼠最大灌胃体积为 80mL/(kg·bw)、小鼠为 40mL/(kg·bw)。但所需鼠数数量大，导致试验的成本较高。预实验：根据受试物的性质不同，一般设置 3 个剂量组 100mg/(kg·bw)、1000mg/(kg·bw) 和 10000mg/(kg·bw)，各剂量组分别选 2～3 只动物进行预试。观察各组 24h 内的死亡情况，得到 LD_{50} 的大致参考范围，便于为正式实验设置给药剂量。也可以简单采取单一的一个剂量，例如艾霞等采取 20 只动物进行预试，分为 4 组，每组 5 只，观察 2h 内受试动物的中毒反应。如毒性体征较严重，预估多数动物可能死亡，即可采用小于 215mg/(kg·bw) 的剂量水平进入正式的试验；如果中毒体征较轻，则需要采用大上述剂量进行正式试验。正式实验：实验采用体重为 18～24g 的健康 SPF 级 KM 小鼠，雌雄各半，按体重 S 形随机分组，每组 6～10 只，或体重为 180～220g 的 SD 大鼠，雌雄各半，按体重 S 形随机分组，每组 6～10 只。实验开始前 12h 禁食不禁水，给予受试物后小鼠需继续禁食 1～2h、大鼠需继续禁食 3～4h，也有使用虾、鱼、狗、兔子等动物的研究方法。一般分为 5 个剂量组采用灌胃或腹腔注射的给药方式进行实验，根据不同药物可分为 24h 给药 1～3 次，肉眼观察动物的死亡数、死亡时间及中毒表现。观察 14d 后（也有试验仅需要观察 7d），处死、解剖、取脏器、肉眼观察脏器是否有组织病变现象，根据实验需要应对个别样品进行尿液检验，提高数据可靠性。

3.2.1.2　寇氏法

寇氏法最早由科学家 Karber 提出，后来经过 Finney 和顾汉颐先后改正过。1936 年经孙瑞元教授再次改进后称斜点法（又称孙氏法），该方法包含 0～100％死亡率的校正式，得出的 LD_{50} 值及所有相关的参数都和正规概率单位法接近。预实验采用少量动物大剂量间距染毒，得到致死剂量的范围。确定全部受试动物最小的致死剂量与全部致死的最大剂量，即求出受试物从 0～100％的粗略致死剂量的范围。在此范围里按几何级数的间距设置 5～7 个剂量组，组间剂量比级数呈 1.2～1.5 倍的关系设计正式实验的剂量。该实验一般选择体重为 18～24g 小鼠，进行同一个实验中所用的动物体重差异不可超过该批动物平均体重的 20％。

正式实验：选择体重 18～24g 健康级昆明小鼠（雌雄各半），按体重 S 形随机分成 5 组，将动物全部死亡剂量和动物不死亡剂量设置成常数剂量，然后将最高、最低剂量组按对数差分成 5 个对数等距的剂量组，用这 5 个剂量值进行正式实验。

3.2.2　LD_{50} 代替法

传统 LD_{50} 的测定方法主要有上述的霍恩氏法、寇氏法等。通过毒理学家长期的试验，发现同一化合物用同一批次的动物，在同样的实验方法和条件下，

却得出了不同的 LD_{50} 值，这说明急性毒性试验应从定性和定量两个方面进行研究，否则很容易造成错误的评价。测定 LD_{50} 值是毒性测试的第一步，并不能反映急性毒性试验的全部内容。而这些方法所需动物多、工作量较大、资源浪费严重，且传统的毒理试验方法与动物保护和动物福利等观念相悖。随着 3R（减少、替代、优化）原则的兴起，在生命科学的研究中应采取其他手段来代替动物实验，尽可能减少动物的用量，减轻动物的痛苦，改进实验的方法，是毒理学评价和发展的必然趋势。常见有以下三种方法。

3.2.2.1　上-下法

上-下法（UDP）是一种阶梯型的染毒程序，主要用于不要求精确的情况下，用少数动物来推测大约致死量，该方法于 2008 年被我国收录成为化学品检验国家标准之一，该方法的缺点是结论不够准确，有待进一步改善。本方法以 $2000mg/(kg \cdot bw)$ 作为初始剂量，首先经口给予一只动物受试物溶液，如该动物在 48h 内死亡，则进行正式实验。如存活，另取 4 只动物以相同的剂量给予受试物，如 5 只动物有 3 只死亡，即死亡率超过％，应进行正式试验；如果有 3 只及以上的动物存活，结束试验，该受试物 $LD_{50} > 2000mg/(kg \cdot bw)$，通过此法进行浓度的改变 5～10 次即可得出大约致死剂量。上-下法主要分为限度试验和主试验，限度试验用于受试物毒性可能较小的情况，最多采用 5 只动物。一般给药剂量为 $2000mg/(kg \cdot bw)$ 和 $5000mg/(kg \cdot bw)$，采用 $5000mg/(kg \cdot bw)$ 给药剂量时，给予 1 只动物受试物，若动物在 48h 里死亡，则进行主试验。如存活，另取 2 只动物，采取同等剂量受试物，若在 14d 的观察期中动物未见死亡，结束该实验，则此受试物 $LD_{50} > 5000mg/(kg \cdot bw)$。如果 14d 的观察期后 2 只动物中的其中 1 只或者 2 只死亡，则再另取 2 只动物，给同等浓度同等体积试物；若 14d 观察期里 5 只动物中有 3 只或以上动物死亡，结束此实验，该受试物 $LD_{50} < 5000mg/(kg \cdot bw)$；若 5 只动物中的 3 只或以上动物均在 14d 观察期里死亡，需要进行正式的实验。正式实验开始前试验动物需 12h 禁食不禁水，单一性别，6～9 只动物，5～8 个浓度梯度，灌胃间隔 48h，是否继续试验取决于上一只小鼠是否死亡，超过％存活即不用再进行试验。

3.2.2.2　固定剂量法

固定剂量法（FDP）是经济合作和发展组织（OECD）于 2001 年制定的一种代替传统测定 LD_{50} 的急性经口毒性试验方法。不再以受试动物死亡测定 LD_{50} 为依据，而是通过受试动物的毒性反应症状来判断物质毒性的一种方法。固定剂量法采用通过每隔固定时间均给予单一性别动物（常为雌性动物）一定剂量受试物：$5mg/(kg \cdot bw)$、$50mg/(kg \cdot bw)$、$300mg/(kg \cdot bw)$ 或 $2000mg/(kg \cdot bw)$ 来做毒理学测试，该试验判定结果的依据是实验动物产生

"明显毒性"反应，而非死亡，如某个剂量未出现中毒表现，而它上一个剂量受试动物死亡，则需在两个剂量中再加一组剂量水平。但应注意进行试验的前后 2只受试动物至少间隔 24h 以上。正式试验需依赖预试验的结果，通常只需要选择 1 个剂量，5 只试验动物（包含预试验在此剂量水平中做过的动物）。在此，相比于霍恩氏法新增了限量试验，即如果给药量为 2000mg/（kg·bw），正式试验未出现中毒体征，终止试验，故结果不再依赖具体的 LD_{50} 值。固定剂量法缩减实验所需要的人力物力和工作量，新的方法比传统的方法更符合人道主义以及相关的动物保护法规及观念，缺点则是该方法未准确测定 LD_{50} 的值，以致实验结果与传统的霍恩氏法相比可能会出现偏差。根据欧盟的毒性分级标准，该方法评价物质毒性的等级分为以下四种，分别是高毒（T^+）、有毒（T）、有害（H）和毒性未分类（U）。

3.2.2.3　急性毒性分类法

急性毒性分类法是 1990 年提出的一种评估受试物急性毒性一种实验方法，方法的特点是简单、快捷。该实验只需要设置 4 个实验剂量组 [5mg/（kg·bw）、50mg/（kg·bw）、300mg/（kg·bw）、2000mg/（kg·bw）]，每一浓度受试物剂量组至少需用试验动物 3 只（多为雌性）。首先设置初始染毒剂量，采取2000mg/（kg·bw）为初始剂量时未见试验动物死亡或有毒性反应，可以结束该实验。一般 LD_{50} 为最大致死剂量的 2～2.5 倍。当最大致死剂量无死亡时，说明无半数致死率，因此不需要再进行致死剂量的实验。如果有死亡现象，则以300mg/（kg·bw）的剂量作为初始剂量进行试验，设置的下一染毒实验组剂量需要在目前染毒试验剂量基础上，至少有一只实验动物存活的情况下进行。根据染毒反应的初始时间、进行时间、染毒程度来确定染毒试验组之间的染毒试验间隔，初始染毒剂量允许造成染毒试验动物部分死亡。该方法多用于化学品经口急性毒性实验的研究，此方法中提出的 LD_{50} 测定方法与传统方法测定的 LD_{50} 数值是相同的，根据急性毒性分类法可以对毒性进行分级及确定 95% 的置信区间。该试验的原则是一个步骤的试验决定下一步的死亡率，即确定试验结果无需再进行重复的试验，只需要在同一剂量水平用 3 只动物进行试验。如不能说明问题，则在高水平剂量或低水平剂量各另选 3 只进行该试验，本试验通常选择雌性小鼠作为试验动物。作为传统急性毒性实验方法的替代法，急性毒性分级法作用更明显。在进行该试验的同时可以进行其他试验，提高了工作效率。该方法的另一个优点是可以根据 GHS 毒性分级体系评价受试物毒性的等级，推测受试物剂量与实验结果。缺点在于不能得出精确的半数致死量，只能初步给出一个致死剂量的范围，在进行该试验时需要根据实际情况设计，实验前 12h 禁食不禁水，一般需观察 14d。

　　由于传统的霍恩氏法等虽然测定结果比较精确，但是消耗实验动物的数量大，试验成本高，且不符合英国于 1876 年颁布的《动物实验法则》及 3R 原则。基于 3R 原则，应尽量降低试验动物的用量，降低试验动物的死亡率，由此国际组织制定研究了更符合人道主义和动物保护观念的 LD_{50} 代替法。本书初步整理归纳了现阶段国际通用的几种与传统急性经口毒性试验方法不同的几种代替方法，无论是上-下法、固定剂量法、急性毒性分类法都有一定的利弊。上-下法虽会导致小鼠的死亡，但均将死亡小鼠的数量控制在了 10 只以内；固定剂量法和急性毒性分类法，虽然不会导致小鼠的死亡，但实验数据不够准确。以上三种方法都在一定程度上缩减实验动物的死亡率，同时也保证了试验的相对准确性，相比于传统的急毒实验方法更值得推广和使用。

3.3　桉树致黑特征物质毒理研究进展

　　天然多羟基酚类化合物如鞣花酸、鞣酸（单宁酸）、没食子酸等广泛存在于植物组织如桉树叶中。其中，鞣花酸（$C_{14}H_6O_8$）是没食子酸的二聚衍生物，作为重要植物酚类化合物广泛存在于自然界。

3.3.1　鞣花酸毒理研究进展

　　鞣花酸（Ellagic Acid），又称胡颓子酸或逆没食子酸，是芳香族有机酸，也属于天然多酚类物质。化学名为 2，3，7，8 - tetrahydroxy benzopyrano [5，4，3 - cde] benzopyran - 5，10 - dione，分子式为 $C_{14}H_6O_8$，分子量为 228.25，CAS 号为 476－66－4，化学结构见图 3.3 - 1。

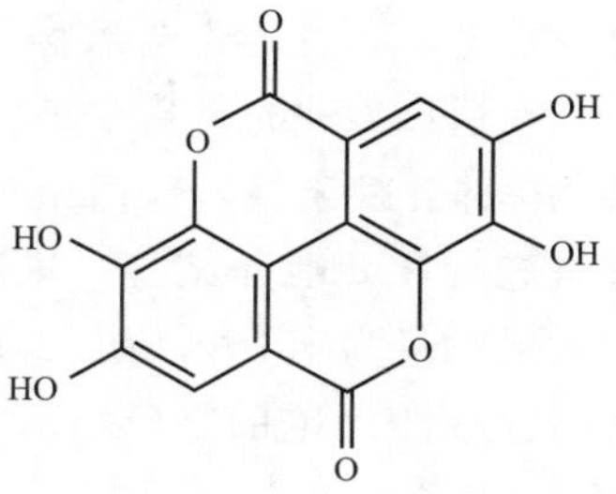

图 3.3 - 1　鞣花酸的
化学结构

　　纯鞣花酸是黄色针状晶体，相对密度为 1.667，熔点（吡啶）＞360℃，微溶于水、醇，溶于碱、吡啶，不溶于醚，水溶性小于 0.1g/100mL（21℃），鞣花酸与三氯化铁的显色反应呈蓝色，遇硫酸呈黄色，Greiss-Meger 反应呈阳性，还易与金属阳离子如 Ca^{2+} 和 Mn^{2+} 结合。

　　主要来源：鞣花酸广泛存在于各种水果和浆果中，如悬钩子、草莓、黑莓、小红莓、石榴等，也存在于花生和胡桃等坚果中，在悬钩子中含量最高。

　　生产制备方法：业生产制备方法主要通过单宁分解，从植物组织中提取，由没食子酸或没食子酸酯通过氧化聚合作用制取。国内有报道以五倍子为原料浸取单宁酸，由单宁酸氧化制备鞣花酸。选用 Na_2CO_3 作添加剂，降低单宁酸的浓度，增长反应时间，鞣花酸的产率可高达 54%。

鞣花酸的生理功能及作用如下：

（1）抗氧化作用：鞣花酸可以使谷胱甘肽和谷胱甘肽过氧化物酶的浓度升高，从而发挥抗氧化作用。鞣花酸能和金属螯合，也能和自由基反应，因而具有抗氧化功能。它还能作为氧化底物，保证其他物质不被氧化。

（2）抗突变作用：鞣花酸的抗突变作用及其对化学物质诱导癌变的抑制作用主要来自动物试验和细胞水平研究。在对鼠和人体组织移植所做的体内和体外试验中，鞣花酸表现出对化学物质诱导癌变及其他多种癌变有明显的抑制作用，特别是对结肠癌、食管癌、肝癌、肺癌、舌及皮肤肿瘤等有很好的抑制作用。鞣花酸能和致癌物的活性代谢形式结合成无害的化合物，以使其不能和细胞 DNA 结合，其作用相当于致癌物清除剂。Sayer 等研究表明，鞣花酸通过占据苯并芘喃二醇环氧化合物的空间有利位置形成共价化合物，此共价化合物由于芘喃的活性基团环氧环已被打开而无致癌活性。

（3）抑菌、抗病毒作用：鞣花酸和一些鞣花单宁显示出对人体免疫缺陷病毒、鸟成髓细胞瘤病毒逆转录酶以及 α-和 β-DNA 聚合酶有抑制性。鞣花酸对多种细菌、病毒都有很好的抑制作用，能保护创面免受细菌的侵入，防止感染，抑制溃疡。

此外，鞣花酸具有促凝血功能，能缩短出血时间，是一种有效的凝血剂，临床上可用于分离血浆。另有研究发现，鞣花酸还有降血压和镇静作用。

通过查新鞣花酸的生物安全性研究资料，现状的人群毒理资料、代谢情况、急性毒性、慢性毒性与致癌性、生殖与发育毒性等可查文献资料极少。

在遗传毒性的研究方面，Zeiger E 等的研究发现染色体畸变试验呈阳性，姐妹染色单体互换阳性，沙门菌突变试验阴性。在亚慢性毒性的研究方面，对 F344 大鼠进行 90d 喂养试验，雄性大鼠剂量为 9.4g/kg、19.1g/kg 和 39.1g/kg，雌性大鼠剂量为 10.1g/kg、20.1g/kg 和 42.3g/kg，均未观察到病理学改变。此研究估计雄性大鼠的 NOAEL 为每天 3 011mg/kg，雌性大鼠的 NOAEL 为每天 3 254mg/kg。

鞣花酸广泛存在于各种水果和浆果中，也存在于花生和胡桃等坚果中，工业生产制备方法主要通过单宁分解，从植物组织中提取，由没食子酸或没食子酸酯通过氧化聚合作用制取。可用高效液相色谱法或高效毛细管电泳法检测。具有抗氧化、抗突变、抑制病毒等作用，安全性研究资料较缺乏。

通过化学物质的生物毒性平台查询鞣花酸经口毒性，预测 LD_{50} 为 2991 mg/kg，毒性等级为 4，见图 3.3-2。

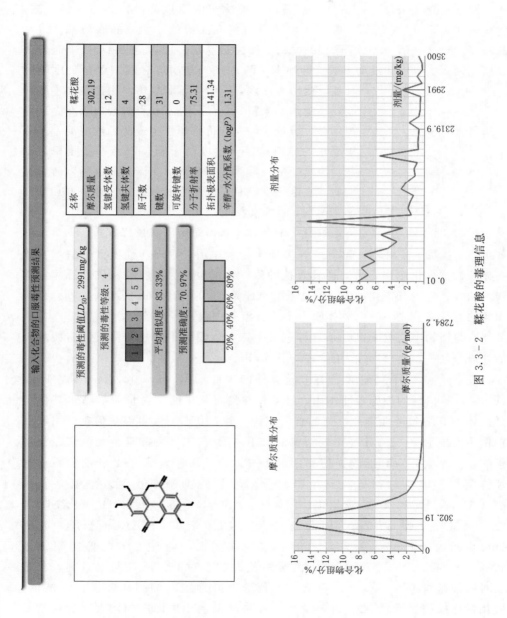

图 3.3 - 2 鞣花酸的毒理信息

名称	鞣花酸
摩尔质量	302.19
氢键受体数	12
氢键供体数	4
原子数	28
键数	31
可旋转键数	0
分子折射率	75.31
拓扑极表面积	141.34
辛醇-水分配系数（logP）	1.31

输入化合物的口服毒性预测结果

预测的毒性阈值 LD_{50}：2991mg/kg

预测的毒性等级：4

| 1 | 2 | 3 |
| 4 | 5 | 6 |

平均相似度：83.33%

预测准确度：70.97%

20% 40% 60% 80%

摩尔质量分布

剂量分布

3.3.2　没食子酸毒理研究进展

没食子酸（Gallic Acid，GA）是可水解单宁的组成部分，又称五倍子酸，化学名 3,4,5-三羟基苯甲酸。化学性质白色或浅褐色针状结晶或粉末。熔点 235～240℃（分解）。加热至 100～120℃失去结晶水，加热至 200℃以上时失去二氧化碳而生成焦性没食子酸（即连苯三酚）。溶于热水、乙醚、乙醇、丙酮和甘油，难溶于冷水，不溶于苯和氯仿。用途没食子酸在制药、墨水、染料、食品、轻工和有机合成等方面有许多用途。没食子酸与三价铁离子生成蓝黑色沉淀，是蓝黑墨水的原料；工业上也用于制革；还可做照相显影剂。没食子酸丙酯为抗氧剂，可用于食用油脂以防腐臭变质。在医药上没食子酸是止血收敛剂，也是温和的局部刺激剂。没食子酸的结构见图 3.3-3。

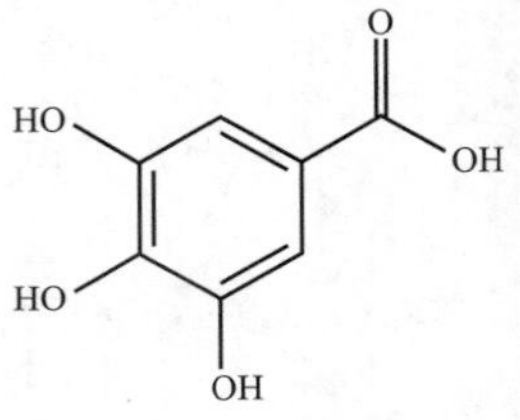

图 3.3-3　没食子酸的结构图

没食子酸在云南普洱茶中的含量比较高，本身又具有抗菌、抗炎、抗肿瘤、抗突变等多种生物学作用。生理活性没食子酸本身具有显著的抗氧化作用，另外还具有抗肿瘤、杀锥虫、保护肝脏和抗乙肝病毒等诸多功效；最近有研究指出，没食子酸可能是普洱茶抑制 HepG2 细胞株合成胆固醇的有效成分之一。而总体水平上，普洱茶中没食子酸含量（9.01mg/g）比其他一些植物中药材要高，从这种意义上来看，没食子酸是普洱茶的重要生理活性成分之一。经口毒性 LD_{50} Rabbit oral 5.0g/kg。

没食子酸（GA）能够显著引起体外四种肝细胞（L-02，HepG2，HepaRG，Hiheps）的细胞毒性作用，且 GA 在何首乌中所占含量明显高于其他组分且体外肝细胞毒性特征也与何首乌较为一致，初步 GA 可能是何首乌引起肝损伤主要成分之一。考察比较何首乌及其主要成分（大黄素、大黄酸、没食子酸、儿茶素）对肝细胞损伤作用的差异。方法以正常人 L02 肝细胞系作为评价模型，考察何首乌及其主要成分对肝细胞抑制率及丙氨酸氨基转移酶（ALT）、天门冬氨酸氨基转移酶（AST）、丙二醛（MDA）、谷胱甘肽（GSH）、乳酸脱氢酶（LDH）、超氧化物歧化酶（SOD）的影响。结果 4mg 生药量/mL 何首乌 70%乙醇提取物作用 L02 细胞 24h 的抑制率接近 40%。相同浓度下，没食子酸、大黄酸及大黄素对肝细胞抑制率较高，儿茶素对肝细胞抑制率较低；大黄素、大黄酸对肝细胞的抑制率较没食子酸低；生化指标检测显示除 AST 外，没食子酸对其他生化指标影响均大于大黄素及大黄酸。结论在一定浓度范围内，没食子酸、大黄素及大黄酸对正常 L02 细胞具有细胞毒性，可能与何首乌的肝损伤有关；相同浓度下，没食子酸的肝毒性大于大黄素及大黄酸。

通过化学物质的生物毒性平台查询没食子酸经口毒性，预测 LD_{50} 为 2000mg/kg，毒性等级为 4，见图 3.3 – 4。

天然多羟基酚类化合物如鞣花酸（Ellagic Acid，EA）、鞣酸（单宁酸）、没食子酸等广泛存在于植物组织如桉树叶中。其中，鞣花酸（$C_{14}H_6O_8$）是没食子酸的二聚衍生物，作为重要植物酚类化合物广泛存在于自然界。近年来，随着南方普遍种植桉树作为经济林种，天然多羟基酚类化合物容易与铁离子发生络合反应导致林区水库水变黑而引起广泛关注。在我国南方桉树林人工种植地区，人口密度大，水库众多，中小型水库承担了农村生活饮用水源的功能，如广西南宁市有 50 座生活饮用水水源地水库，其中 45 座附近都种植了桉树。如此大规模和高比例的桉树种植使得水库水体泛黑频率高、影响范围广，桉树林人工采伐地的黑水污染对当地水生物种的生存造成严重威胁。桉树作为南方优质人工经济树种，其热点研究主要集中在砍伐方式，采用再生水长期灌溉下人工林潜在有毒元素污染的生态毒理学监测，但对于广大南方农村如广东、广西和福建等地桉树林区饮用水水源地水库在秋冬季节出现致黑物，其对受体（当地居民）是否存在潜在安全风险，这方面的研究尚处空白。

目前，对水库泛黑现象和致黑物的相关研究已取得一定认识。大面积集中连片的桉树林种植在南方水库集水区，广西当地居民以桉树人工林区水库为饮用水水源，水库在秋冬季出现"泛黑"现象，水体呈浅黑褐色，感观变差，存在潜在的安全风险。研究发现桉树的茎、叶可在水体中浸出大量单宁酸，推测可能的泛黑机理为：在硫化物、单宁酸、铁、锰同时存在的条件下，可发生铁、锰与硫化物，硫化物与单宁酸，铁、锰与单宁酸等一系列反应，最终生成黑色络合物，导致水库泛黑。

天然多羟基酚类化合物如鞣花酸及其合成物质在一定浓度范围内具有细胞毒性，但对于饮用水体天然环境中鞣花酸与重金属络合的生态环境风险及其毒性研究极少。鞣花酸在不同的细胞模型中可引起不同的生理效应，如在 HepG2 人肝癌细胞中诱导 Ca^{2+} 浓度依赖性升高，但在 HA22T、HA59T 人肝癌细胞或 AML12 小鼠肝细胞中并未观察到类似现象。Owczarek 等研究了鞣花酸对人类白血病（早幼粒细胞 HL – 60 和淋巴母细胞 NALM – 6）和黑素瘤（WM 115）细胞系的细胞毒性，发现其 IC50 值范围为 62.3～300.6μm。以氧化锌为原料，合成的鞣花酸（EA）—层状氢氧化锌（ZLH）插层化合物（EAN），EAN 对乳腺癌 MCF – 7 细胞和 HepG2 癌细胞具有细胞毒性和抗增殖活性。与鞣花酸结构类似的没食子酸（GA）生物合成的银纳米颗粒在 1μg/mL 浓度下对虾幼虫的致死率为 89.2%，具有较高的生物毒性。此外，Ceker 等也报道了高浓度

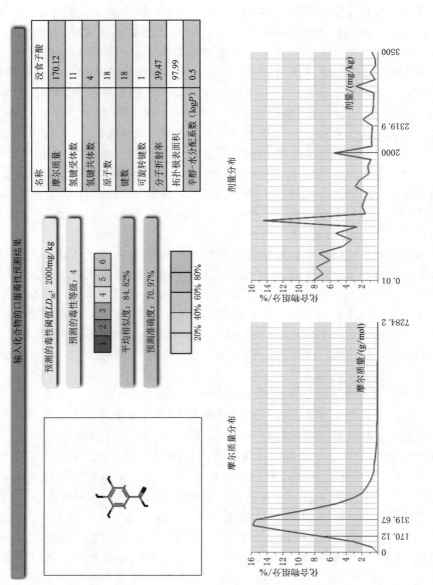

图 3.3-4　没食子酸的毒理信息

EA（$100\mu m$ 和 $200\mu m$）具有细胞毒性和致突变作用。

研究发现桉树林区水库的水体存在天然致黑物质单宁酸、鞣花酸等多羟基酚类化合物和其铁盐络合物。环境中可检出一定水平的鞣花酸：中药水龙骨的鞣花酸 $62.18\mu g/g$，中药化香虫茶的鞣花酸 $1.14\sim3.10mg/g$，利用 FT-ICR MS 分析自来水厂原水的溶解性有机物为 $5.34mg/L$。由于桉树叶也含有鞣花酸，在一些桉树林区周边水库受降水等影响，在水库水体中鞣花酸浓度通常为 $0.01\sim100mg/L$。鞣花酸及其铁盐络合物是天然致黑物质之一，其铁盐络合物的形成正是由于鞣花酸跟水体中的三价铁离子发生了化学作用。根据前期的研究，已知鞣花酸及其合成物质在一定浓度范围内具有细胞毒性，但对于饮用水体天然环境中鞣花酸与重金属络合的生态环境风险及其毒性研究极少，因此选择鞣花酸和三价铁作为本研究的研究对象。

前期文献调研和水库水体致黑特征物质分析结果显示，桉树叶浸泡液中主要由以苯三酚、没食子酸为母体的多酚类化合物及其多聚衍生物构成。实验结果证明，桉树叶浸泡液中的典型化合物鞣花酸、苯三酚和没食子酸与铁离子发生反应，生成金属-有机质络合物，并形成黑色沉淀，源自桉树叶的芳香多酚类物质与金属离子形成的络合物是导致水库变黑的核心因素。为了进一步研究水库水体致黑物对饮水安全的影响研究，探究致黑物质的毒理效应，本研究采用体外生物测试与体内生物测试综合评估致黑物的毒性。体外生物测试以三种人源细胞为受试生物，以细胞增殖抑制、活性氧诱导为细胞毒性靶点，探究鞣花酸和三价铁的联合暴露毒性。体内生物测试则采用传统急性经口毒性试验方法，综合评价鞣花酸、没食子酸与三价铁的急性经口毒性。

3.4 人源细胞评估鞣花酸和三价铁的联合暴露毒性试验

为综合评价水中化学物质对生物的毒性效应，生物测试被广泛使用，其有利于弥补化学分析在未知物质和混合效应方面的局限性，是水质毒性评估的重要工具。体外生物毒性测试在复合型污染特征下可敏感、准确地量化环境混合物的综合生物效应。研究证实在检测污水处理厂出水中残留的难降解有机污染物毒性效应时，人源干细胞比发光菌更为灵敏。本研究以三种人源细胞为受试生物，以细胞增殖抑制、活性氧诱导为细胞毒性靶点，选择不同浓度的鞣花酸和三价铁为研究对象，探究鞣花酸和三价铁的联合暴露毒性，评价暴露于 EA 和/或 Fe^{3+} 对结直肠腺癌上皮细胞（DLD1）、肝细胞（LO2）、人肾上皮细胞（293T）的一般细胞毒性、细胞内活性氧（ROS）水平和细胞形态变化，确定不同浓度的鞣花酸和三价铁暴露的毒性效应特征。

3.4.1 材料与方法

3.4.1.1 细胞和试剂

结直肠腺癌上皮细胞（DLD1）、肝细胞（LO2）、人肾上皮细胞（293T）购自国家实验细胞资源共享平台。鞣花酸（纯度98%）购买自 Macklin 公司，三价铁盐为三氯化铁（纯度＞99%）购买自阿拉丁。细胞培养过程中使用的 RPMI和 DMEM 培养基购买自美国 Thermofisher 公司，胎牛血清、双抗（青霉素-链霉素）和 0.05 胰蛋白酶（不含 EDTA）购买自美国 Hyclone 公司。

3.4.1.2 细胞种类与密度

（1）细胞种类的选择依据。本研究选择结直肠腺癌上皮细胞（DLD1）、肝细胞（LO2）和肾上皮细胞（293T）这三种不同类型的人源细胞作为研究对象，它们代表了不同的靶组织和靶器官。一方面这些细胞系被广泛用于毒性风险评价，另一方面，使用不同类型的细胞进行比较有助于确定它们对天然致黑物质的毒性反应是否存在差异，提供了更全面的信息。综合考虑不同细胞类型的响应，以更全面地评估天然致黑物质的潜在毒性和对人体的潜在健康风险。

（2）细胞密度的选择依据。初始细胞密度会影响细胞的生长和繁殖速率，细胞数量如果过少，则无法保证细胞在实验期间保持在对数生长阶段，这是细胞生长最为活跃和稳定的阶段；但如果细胞数量过多则会引起养分和生长空间的过分竞争，从而影响细胞状态和实验结果。因此，选择适当的初始密度可以确保实验的稳定性和可重复性，4×10^3 个细胞/孔是根据预实验得到的最优生长密度。

3.4.1.3 细胞培养与处理

DLD1 细胞培养于 RPMI 1640 完全培养基（10%FBS，1%双抗），LO2、293T 细胞培养于 DMEM 完全培养基（10%FBS，1%双抗），培养条件为 37℃，5%CO_2 和 95%饱和湿度。细胞生长至汇合度达到 85%以上时，进行消化接板。将对数期生长的三种细胞以 4×10^3 个细胞/孔的密度均匀接种在 96 孔板中，每孔 100μL 培养基，培养 24h。0.1%DMSO（V/V）的培养基设为对照组，选择不同浓度（0.1、1、10mg/L）的 EA 单独暴露 24h 以及与 1μM Fe^{3+} 共同暴露24h 作为实验组。实验使用的 EA 暴露浓度为 0.1、1 和 10mg/L，EA 浓度设计根据桉树林区水库水体 EA 的常见浓度范围，Fe^{3+} 的浓度设计为 EA 与铁盐发生络合反应变色的临界点附近，每组设置三个平行，重复实验结果的 RSD 均小于 30%。

3.4.1.4　一般细胞毒性实验

细胞活力检测使用的是 CCK-8 试剂盒（Cell Counting Kit-8，碧云天，中国）。按照说明书向暴露结束后的孔板加入 $10\mu L$/孔的 CCK-8 溶液，孵育 $1\sim 1.5h$，用酶标仪（Spark，Tecan）在 450nm 波长下测量吸光度。根据公式（3.4-1）计算细胞毒性。

$$细胞毒性 = \left(1 - \frac{实验组吸光度 - 背景空白吸光度}{对照组吸光度 - 背景空白吸光度}\right) \times 100\% \quad (3.4-1)$$

3.4.1.5　细胞内活性氧（ROS）水平检测

细胞内活性氧（Reactive Oxygen Species，ROS）检测使用的是活性氧检测试剂盒（Reactive Oxygen Species Assay Kit，碧云天，中国）。利用荧光探针 2,7-二氯二氢荧光素二乙酸酯（DCFH-DA）可被细胞内的 ROS 从无荧光的 DCFH 氧化生成有荧光的 2,7-二氯荧光素（DCF）。由于 DLD1 和 293T 细胞的贴壁性较差，为实现清晰的荧光成像，本实验预先使用 0.01mg/mL 的多聚-L-赖氨酸包被 96 孔板，增强细胞的贴壁能力。

暴露 24h 后，去除细胞培养液，以 $100\mu L$/孔向 96 孔板中加入 PBS 稀释的 DCFH-DA（$10\mu M$）和 Hoechst33342（$5\mu g/mL$）混合染料，在 37℃细胞培养箱内孵育 30min。用 PBS 轻轻冲洗细胞两次，以充分去除未进入细胞内的 DCFH-DA。使用 OperettaTM 高内涵成像分析系统（PerkinElmer，美国）原位检测化合物刺激后的荧光强度变化（DCFH-DA：$\lambda_{ex}/\lambda_{em} = 488nm/525nm$；Hoechst 33342：$\lambda_{ex}/\lambda_{em} = 350nm/461nm$）。使用 Harmony 4.9 统计并分析 DCFH-DA 对应绿色荧光强度代表 ROS 水平。

3.4.1.6　细胞形态分析

培养与暴露过程的实验方法与细胞内活性氧（ROS）水平检测相同，暴露 24h 后，取出 96 孔板，去除细胞培养液并用 PBS 清洗一次。使用 4%多聚甲醛（PFA）和含有 0.1%曲拉通 X-100（TritonX-100）和 1%牛血清白蛋白溶液（BSA）的 PBS 固定并通透细胞。使用 $5\mu g/mL$ Hoechst33342 和 150nM 的鬼笔环肽在室温下对细胞核以及细胞骨架染色 30min。使用高内涵成像系统进行荧光图像采集（Hoechst 33342：$\lambda_{ex}/\lambda_{em} = 350nm/461nm$；鬼笔环肽：$\lambda_{ex}/\lambda_{em} = 495nm/515nm$）。使用 Harmony 4.9 统计并分析鬼笔环肽对应绿色荧光强度代表 F-actin 表达水平。

3.4.1.7　数据分析

所有实验均进行了 3 次独立实验，结果使用 SPSS 16.0 的单因素分析法对数据进行显著性差异分析，结果表示为均数±标准差（$\overline{x}\pm SD$）$p < 0.05$。

3.4.2　试验结果

3.4.2.1　一般细胞毒性

本实验评估了暴露于 EA 和/或 Fe^{3+} 对 DLD1、LO2 和 293T 三种细胞活力的影响（见图 3.4－1）。当 EA 单独暴露时，与 DMSO 阴性对照组相比，DLD1 细胞活力仅在 0.1mg/L EA 处理时下降 11.0%，较高浓度组（1mg/L 和 10mg/L）无显著变化；对于 LO2 细胞，EA 单独暴露表现出明显细胞毒性，且与暴露浓度呈现一定剂量-效应关系，0.1、1 和 10mg/L 的 EA 处理分别下降了 13.5%、12.8% 和 28.2% 的细胞活力；对于 293T 细胞，较低浓度的 EA（0.1mg/L）作用下细胞存活率为 90.3%，呈现出轻微生长抑制，但高浓度（10mg/L）暴露则显著促进了 293T 细胞增殖（上调约 12.5%）。在 1μM Fe^{3+} 单独作用时仅 DLD1 细胞活力受到抑制，存活率下降 13.9%，但 Fe^{3+} 显著促进了 293T 和 LO2 细胞生长，分别增加了 22.0% 和 15.6%。

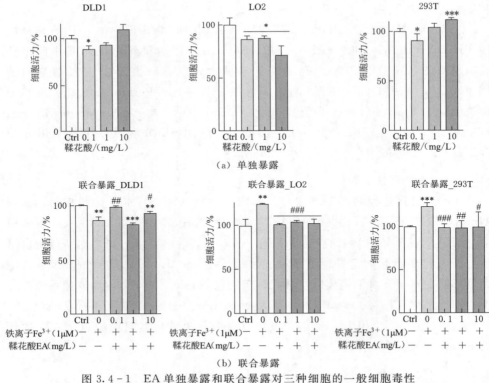

图 3.4－1　EA 单独暴露和联合暴露对三种细胞的一般细胞毒性

注：Ctrl 表示二甲基亚砜暴露的对照组，＊表示与 DMSO 阴性对照比，＃表示与单独暴露铁离子的对照比。

有＊或者＃表示有显著差异（$p<0.05$：＊/＃；$p<0.01$：＊＊/＃＃；$p<0.001$：＊＊＊/＃＃＃）。

Fe^{3+}在细胞中扮演重要的调节作用，如果Fe^{3+}浓度过高，会引起强烈的氧化应激，抑制细胞的生长和增殖，导致细胞受损甚至死亡。在这种情况下，鞣花酸的作用可能会被掩盖或弱化，难以准确评估二者联合暴露的影响，并且也不符合实际水环境中铁离子的检出浓度。为评估 EA 与Fe^{3+}的联合暴露毒性，基于以往的研究和预实验结果，选择$1\mu M$ Fe^{3+}分别与不同浓度（0.1mg/L、1mg/L 和 10mg/L）的 EA 共同暴露。结果发现，与 DMSO 阴性对照组相比，联合暴露组对 LO2、293T 细胞活力无明显影响；但和Fe^{3+}单独暴露引起的细胞增殖相比，两种细胞的增殖在联合暴露中被抑制。然而对 DLD1 细胞而言，联合暴露的毒性显著高于 EA 单独暴露，在 1mg/L 和 10mg/L 联合暴露时，细胞活力分别下降了 17.8%、7.2%。与Fe^{3+}单独暴露相比，Fe^{3+}与低浓度 0.1mg/L 和高浓度 10mg/L EA 共同暴露显著缓解了Fe^{3+}单独暴露对 DLD1 细胞的生长抑制。

3.4.2.2　不同活性氧（ROS）水平

为进一步探究鞣花酸和/或三价铁对三种细胞的细胞毒性是否与活性氧（ROS）氧化应激有关，使用荧光探针 DCFH-DA 分别检测了三种细胞的细胞内 ROS 水平。从实验结果（见图 3.4-2）可观察到与 DMSO 阴性对照组相比，EA 和/或Fe^{3+}暴露均显著增加了三种细胞的细胞内 ROS 水平。

$1\mu M$ Fe^{3+}单独暴露显著诱导了三种细胞 ROS 上调，在 DLD1、293T 和 LO2 细胞中分别上调了 27.0%、31.4%、60.0%。而一般毒性结果中，$1\mu M$ Fe^{3+}单独作用仅抑制了 DLD1 的细胞活力，暗示其细胞毒性可能是因氧化损伤引起的。在 EA 单独暴露时，0.1mg/L 和 10mg/L EA 作用下 DLD1 细胞的 ROS 分别上调了 20.7%、30.3%，但 1mg/L EA 无显著影响；而共同暴露时 ROS 上调更为剧烈，这也与细胞活力实验结果相吻合，联合暴露对 DLD1 细胞的氧化应激损伤和细胞毒性都更为强烈。

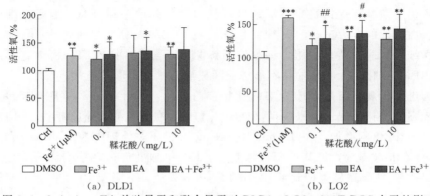

图 3.4-2（一）　EA 单独暴露和联合暴露对 DLD1、LO2、293T ROS 水平的影响

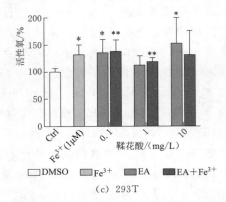

图 3.4-2（二）　EA 单独暴露和联合暴露对 DLD1、LO2、293T ROS 水平的影响

注：Ctrl 表示二甲基亚砜暴露的对照组，＊表示与 DMSO 阴性对照比，♯ 表示与单独暴露铁离子的对照比。

有 ＊ 或者 ♯ 表示有显著差异（$p<0.05$：＊/♯；$p<0.01$：＊＊/♯♯；$p<0.001$：＊＊＊/♯♯♯）。

对于 LO2 细胞，EA 和/或 Fe^{3+} 的暴露与 EA 暴露浓度均呈现一定的剂量-效应关系，单独暴露中 ROS 分别增加了 19.3%、27.8%、28.3%，共同暴露时对应上调了 29.3%、37.1%、43.6%。DLD1、LO2 的 ROS 结果可能提示 EA 与 Fe^{3+} 共同暴露比 E 单独暴露时对细胞内 ROS 的影响更大。

对于 293T 细胞，0.1mg/L 和 10mg/L 的 EA 处理显著增加了 293T 细胞的 ROS（上调约 36.6% 和 53.4%），这一结果与 DLD1 单独暴露 EA 时的 ROS 结果相类似；共同作用时，0.1 和 1mg/L 的 ROS 水平比起单独暴露时略有增加。

3.4.2.3　细胞形态变化

本实验通过 Hoechst 33342、鬼笔环肽分别对细胞核和细胞骨架进行染色，使用高内涵进行荧光图像采集，分析了暴露于 EA 和/或 Fe^{3+} 对三种细胞的细胞形态。鬼笔环肽是一种环状七肽毒素，能与纤维状的肌动蛋白结合，并且荧光标记后仍能使微管保持稳定，清晰显示胞内微丝的形态和分布，是研究细胞内肌动蛋白微丝的有力工具。由图 3.4-3 可见，三种人源细胞的微丝形状为长条纺锤状细丝，遍布整个细胞，细胞核为椭圆形，与空白样对照分析细胞形态没有发现明显变化，无明显的细胞形态变圆或皱缩，细胞形态正常。

为进一步观察组成细胞骨架的丝状蛋白表达，统计 F-actin（F-肌动蛋白）的荧光强度变化情况。结果发现（见图 3.4-4）在 EA 单独处理组中，DLD1 细胞的 F-actin 急剧增加，在 0.1mg/L 和 1mg/L 的 EA 处理下，F-actin 分别增加了 97.0% 和 76.1%，但其他两种细胞中，EA 单独处理未观察到显著变化。而 $1\mu M$ Fe^{3+} 单独暴露显著抑制了 LO2 的 F-actin 表达，下降了 40.28%；但对其他两种细胞的 F-actin 没有显著影响。

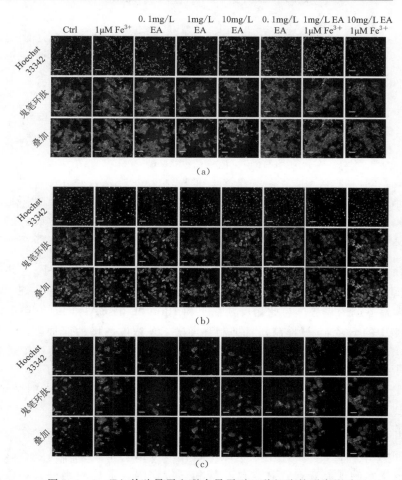

图 3.4-3　EA 单独暴露和联合暴露对三种细胞的形态影响

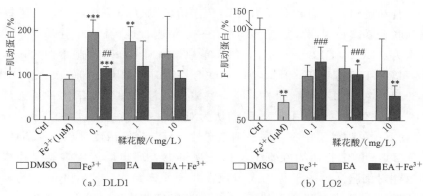

(a) DLD1　　　　　　　　　　　(b) LO2

图 3.4-4（一）　EA 单独暴露和联合暴露对三种细胞 F-肌动蛋白的影响

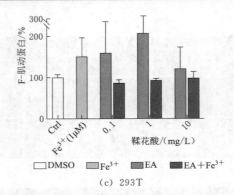

（c）293T

图 3.4-4（二）　EA 单独暴露和联合暴露对三种细胞 F-肌动蛋白的影响

注：Ctrl 表示二甲基亚砜暴露的对照组，＊表示与 DMSO 阴性对照比，♯表示与单独暴露铁离子的对照比。
　　有＊或者♯表示有显著差异（$p<0.05$：＊/♯；$p<0.01$：＊＊/♯♯；$p<0.001$：＊＊＊/♯♯♯）。

联合暴露组中，与 DMSO 对照组相比，0.1mg/L 的 EA 和 Fe^{3+} 共同作用时，F-actin 的表达在 DLD1 细胞中略有增加（15.9％），逆转了原本在 EA 单独处理时大幅上调的趋势。与此相反，在 1 和 10mg/L 的 EA 和 Fe^{3+} 共同作用时，LO2 细胞中的 F-actin 被抑制，且抑制程度随 EA 浓度的增加而加剧，分别抑制了 24.3％和 36.4％，并且 EA 共同暴露能一定程度缓解 Fe^{3+} 单独作用对 F-actin 的抑制。然而 293T 细胞在所有处理组中均未发现显著变化。

3.4.3　讨论

南方桉树林区水库周围土壤为富含铁、锰等金属元素的红壤，在雨季重金属易被冲刷至水库中，因此水库水体中鞣花酸等植物单宁类天然物与铁、锰等结合形成黑水的现象普遍存在。鞣花酸和三价铁混合形成的典型天然致黑物质对以水库水为饮用水源的居民人体健康造成潜在威胁。本研究利用三种人源细胞（肝、肾和肠道）综合评估了鞣花酸和三价铁的联合暴露毒性，结果提示单独暴露和联合暴露在大部分情况下均存在一定细胞毒性。EA 单独暴露下，细胞毒性依次为：LO2＞DLD1≈293T；Fe^{3+} 单独暴露对 DLD1 细胞毒性大，但能促进 LO2 和 293T 细胞生长；EA 与 Fe^{3+} 联合暴露时，细胞毒性依次为：DLD1＞LO2≈293T。对 DLD1 细胞而言，联合暴露的毒性比单独暴露 EA 更强烈，通过和 Fe^{3+} 单独处理的结果相比，我们认为对 DLD1 的联合毒性主要来自 Fe^{3+}。但 LO2 在 EA 单独暴露中存在明显细胞毒性，且与暴露浓度呈现一定剂量-效应关系，而 293T 的细胞活力在 EA 单独处理组中表现出低浓度抑制，高浓度促进，但这些对细胞活力的干扰均未出现在联合暴露组中。EA 和 Fe^{3+} 的联合暴露显著逆转了 Fe^{3+} 单独暴露引起的 LO2、293T 细胞增殖，没有表现出对这两种细胞活力的影响。

活性氧（ROS）广泛指代氧来源的自由基和非自由基，包含了超氧阴离子、过氧化氢、羟自由基、臭氧和单线态氧。由于它们含有不成对的电子，因而具有很高的化学反应活性。机体在生命周期内受到外源性和内源性刺激会频繁暴露于活性氧中，少量 ROS 可作为信号转导分子，而过量的 ROS 会引起氧化应激毒性。一般来说，氧化应激是因为破坏性自由基的增加和/或抗氧化防御保护的减少。正常生理状态下，细胞会产生少量活性氧，但自由基的清除能力可维持 ROS 代谢平衡，不会诱发氧化损伤。当 ROS 浓度升高超过清除能力时，机体氧化还原平衡的破坏，ROS 会攻击细胞内的 DNA、脂质和蛋白质，破坏其结构并导致多种负面后果，如炎症和细胞凋亡等。通过氧化应激测试，我们发现 EA 和/或 Fe^{3+} 暴露均显著增加了 ROS 水平。Fe^{3+} 单独暴露下，ROS 水平依次为：LO2＞293T＞DLD1；EA 单独暴露和联合暴露中，ROS 水平在三种细胞中的升高水平均相差不大。但 DLD1、LO2 的 ROS 结果可能提示 EA 与 Fe^{3+} 共同暴露时，反应产物比 EA 单独暴露时对细胞内 ROS 的影响更大，显著上调了 ROS 水平。

最后，通过分析 EA 和 Fe^{3+} 对三种细胞的形态影响，没有观察到明显变化，如明显的细胞形态变圆或皱缩。然而进一步分析细胞骨架微丝蛋白 F-actin 在各处理组的变化，我们发现结直肠腺上皮细胞（DLD1）对较低浓度的 EA 暴露更为敏感，不仅增加了肌动蛋白的含量并且细胞活力也有所下降。而肾上皮细胞（293T）对 ROS 的耐受力显然更强，增加的 ROS 并未影响 F-actin 蛋白的表达和细胞活力变化。肝细胞（LO2）中过量的 ROS，似乎是其 F-actin 减少以及细胞活力下降的原因。研究表明 ROS 的变化会导致细胞 F-actin 肌动蛋白异常，其中 ROS 的适度上升会促进 F-actin 的合成，而高水平的 ROS 含量会引起 F-actin 的分解。

结合文献调研和探究天然致黑物质对人体细胞的毒性影响的研究目的，三种细胞的毒性评价标准包括以下方面的考虑：首先是细胞活力，细胞活力的降低是细胞受到毒害作用的重要而通用的指标之一。而活性氧作为一类高度活性的分子，它们在细胞内的积累可以引发氧化应激反应。氧化应激是一种细胞应对外部压力和损伤的常见生理反应，但过多的 ROS 积累可能导致细胞受损。通过测量 ROS 水平，可以评估细胞的健康状态。最后，通过测量肌动蛋白 F-actin 的表达是为了了解细胞的基本结构是否受到影响。F-actin 是一种细胞骨架蛋白，在维持细胞形状、细胞运动、细胞分裂等多个生物学过程中起着关键作用。在毒性研究中，F-actin 的表达可以作为一种指标，用于评估某种化学物质或处理对细胞的毒性影响。本研究中通过对这三种指标的综合评估，与阴性对照进行比较，同时进行严格的多次独立重复实验，并进行显著性检验分析，最终判断暴露物的毒性情况。本文结果与毒性标准或文献报道的指标之间存在一定的相对关系。首先，DLD1 细胞在高浓度鞣花酸联合三价铁处理组中，细胞活力显著降低，相较于仅暴露于鞣花酸的情况，其毒性表现更为强烈。这结果与毒性评价标准中所提到的细胞活力降低作为衡量细胞受毒性影响的指标是一致的。此外，鞣花酸和/或三价铁暴露增加了 ROS 水平，尤其在 DLD1 和 LO2 细胞中。这与毒性标准中提到，过多的 ROS 积累可能导致细胞受损，因此 ROS 水平的升高是一个重要的指标。另一方面暴露于鞣花酸和/或三价铁没有明显改变三种细胞的细胞形态，但抑制了 LO2 中肌动蛋白 F-actin 的表达。这与毒性标准中提到测量肌动蛋白 F-actin 的表达来了解细胞结构和功能是否受到影响是一致的，F-actin 的表达受到抑制可以被视为一种细胞结构和功能的异常。综合上述结果，强调了对于南方桉树林区水库中的天然致黑物质，特别是鞣花酸和三价铁的毒性潜在风险需要认真考虑和评估，以确保饮用水源的安全。

本次研究结果表明，三种人源细胞对鞣花酸和三价铁的单独或联合暴露响应灵敏，初步提示鞣花酸与重金属联合暴露风险可能加剧，以细胞增殖抑制、活性氧诱导为细胞毒性靶点，结合细胞形态观察，综上实验结果表明，鞣花酸和三价铁的单独或联合暴露对人源细胞具有较强的毒害作用，按影响程度从大到小排序，依次为：LO2＞DLD1＞293T。上述研究仅对每一项检测结果进行单独分析，尽管这些结果通常存在相关性，由于桉树林水库的致黑性可溶解性有机物成分复杂，单宁酸类物质有鞣花酸、没食子酸等，仍缺乏对天然水体中致黑物单宁酸类和重金属物质具体风险量值的评估，因此需进一步结合化学分析进行综合毒性测试，综合评估桉树林区水库天然致黑污染物的毒性风险，为南方农村饮用水的水源地供水水质卫生健康的精准管控提供重要依据。

3.5　鞣花酸、没食子酸与三价铁的急性经口毒性试验

3.5.1　试验目的

为进一步探究致黑物质对人体安全的急性毒性，直观了解致黑特征物质对哺乳动物的急性毒理效应，在体外人源细胞毒理试验的基础上辅助开展急性毒理试验。急性经口毒性试验是检测和评价受试物毒性作用最基本的一项试验，即经口一次性或 24h 内多次给予受试物后，在短期内观察动物所产生的毒性反应，包括中毒体征和死亡，通常用 LD_{50} 来表示该试验可提供在短期内经口接触受试物所产生的健康危害信息。该试验既可作为急性毒性分级的依据，又可提供短期内经口接触受试物所产生的健康危害信息，能初步估测毒作用的靶器官和可能的毒作用机制，为进一步毒性试验提供剂量选择和观察

指标的依据。

3.5.2　试验依据

本次急性经口毒性试验依据《食品安全国家标准　急性经口毒性试验》（GB 15193.3—2014）进行。

3.5.3　试验方法

3.5.3.1　受试物选择

选择受试物为鞣花酸和铁络合物、没食子酸和铁络合物。

3.5.3.2　受试物的给予

（1）途径：经口灌胃。

（2）试验前禁食。试验前动物需禁食，小鼠需禁食 4～6h，自由饮水。

（3）灌胃体积。各受试物组的灌胃体积应相同，大鼠为 10mL/kg 体重，小鼠为 20L/kg 体重。如果溶媒为水，大鼠最大灌胃体积可达 20mL/kg 体重，小鼠可达 40mL/kg 体重。

（4）给予方式。一般一次性给予受试物。也可 1 日内多次给予（每次间隔 4～6h，24h 内不超过 3 次，尽可能达到最大剂量，合并作为一次剂量计算）。

（5）观察期限。一般观察 14d，必要时延长到 28d，特殊应急情况下至少观察 7d。

3.5.3.3　试验动物

（1）动物选择。试验动物的选择应符合国家标准和有关规定（GB 14923，GB 14922.1，GB 14922.2）。选择两种性别的健康成年大鼠（180～220g）和小鼠（18～22g）或选用其他实验动物。雌性动物应是未交配过、未妊娠的。同性别实验动物个体间体重相差不超过平均体重的 ±20%。

（2）动物准备。试验前试验动物在试验环境中至少应进行 3～5d 环境适应和检疫观察。

（3）饲养动物。试验动物饲养条件、饮用水、饲料应符合国家标准和有关规定（GB 14925、GB 5749、GB 14924.1、GB 14924.2、GB 14924.3）。每个受试物组动物按性别分笼饲养。每笼动物数以不影响动物自由活动和观察动物的体征为宜。对某些受试物常引起的特殊生物学特性及毒性反应（如易激动、互斗相残等）可作单笼饲养。试验期间试验动物喂饲基础饲料，自由饮水。

3.5.4　试验结果

急性经口毒性试验有霍恩氏（Horn）法、限量法（limit test）、上－下法（up-down procedure，UDP）等。

3.5.4.1 试验内容

1. 观察指标

（1）临床观察。观察包括皮肤、被毛、眼、黏膜以及呼吸系统、泌尿生殖系统、消化系统和神经系统等，特别要注意观察有无震颤、惊厥、流涎、腹泻、呆滞、嗜睡和昏迷等，详见表 3.5-1［同《食品安全国家标准　急性经口毒性试验》（GB 15193.3—2014）附录 F］。在试验开始和结束时称取并记录动物体重，并且在观察期每周至少称取动物体重 1 次。全面观察并记录动物变化发生的时间、程度和持续时间，评估可能的毒作用靶器官。如发现动物处于濒死或表现出严重的疼痛和持续的痛苦状态应处死动物。死亡时间记录应当尽可能地精确。

表 3.5-1　　　　　　　　　　实验动物中毒表现观察项目

器官系统	观察及检查项目	中毒后一般表现
中枢神经系统及神经肌肉系统	动作行为	体位异常，叫声异常，不安或呆滞，反复抓挠口周，反复梳理，转圈，痉挛，麻痹，震颤，运动失调，甚至倒退行走或自残
	各种刺激的反应	易兴奋，知觉过敏或缺乏知觉
	各种刺激的反应	减弱或消失
	肌肉张力	强直，弛缓
自主神经系统	瞳孔大小	扩大或缩小
	分泌	流涎，流泪
呼吸系统	鼻孔	呼吸性质和速率
	呼吸性质和速率	深缓，过速
心血管系统	心区触诊	心动过缓，心律不齐，心跳过强或过弱
消化系统	腹形	气胀或收缩，腹泻或便秘
	粪便硬度和颜色	粪便不成形，黑色或灰色
泌尿生殖系统	阴道，乳腺	膨胀
	阴茎	脱垂
	会阴部	污秽，有分泌物
泌尿生殖系统	颜色，张力	发红，皱褶，松弛，皮疹血
	完整性	竖毛
黏膜	黏膜	流黏液，充血，出血性紫绀，苍白
	口腔	溃疡
眼	眼睑	上睑下垂

器官系统	观察及检查项目	中毒后一般表现
眼	眼球	眼球突出或震颤，结膜充血，角膜混浊
	透明度	混浊
其他	直肠或皮肤温度	降低或升高
	一般情况	消瘦

（2）病理学检查。所有的动物包括试验期间死亡、人道处死和试验结束处死的动物都要进行大体解剖检查，记录每只动物大体病理学变化，出现大体解剖病理改变时应做病理组织学观察。

2. 数据处理和结果评价

描述由中毒表现初步提示的毒作用特征，根据 LD_{50} 值确定受试物的急性毒性分级见表 3.5-2［同《食品安全全国家标准　急性经口毒性试验》（GB 15193.3—2014）附录 G］。

表 3.5-2　　　　　　　　急性毒性（LD_{50}）剂量分级

级　　别	大鼠口服 LD_{50} /（mg/kg 体重）	相当于人的致死量	
		mg/kg 体重	g/人
极毒	<1	稍尝	0.05
剧毒	1～50	500～4000	0.5
中等毒	51～500	4000～30000	5
低毒	501～5000	30000～250000	50
实际无毒	>5000	250000～500000	500

3.5.4.2　急性经口毒性试验结果

1. 鞣花酸＋三价铁试验结果

（1）材料和动物：

1）样品：鞣花酸＋三氯化铁。

2）试验动物和饲养环境：

试验动物：KM 小鼠，由湖南斯莱克景达试验动物有限公司提供，试验动物生产许可证号：SCXK（湘）2019-0004。质量合格证号：No.430727231101212561，检疫合格后使用。

饲养环境：温度为 21～24℃，相对湿度为 55%～59%。试验动物使用许可证号：SYXK（湘）2019-0016。

饲料：由湖南嘉泰试验动物有限公司提供，生产许可证号：SCXK（湘）2020-0006。

（2）方法。

1）检验依据：《食品安全国家标准　急性经口毒性试验》（GB 15193.3—2014）。

2）样品处理：以样品原形试验。

3）检验方法：采用霍恩氏法，分别按 1000mg/kg 体重、2150mg/kg 体重、4640mg/kg 体重、10000mg/kg 体重剂量经口灌胃染毒。取 KM 小鼠 40 只，体重（19.5±1.0）g，随机分为 4 组，每组 10 只，雌雄对半，禁食过夜。取适量受试物用纯水配成所需浓度溶液，按 0.2mL/10g 体重给小鼠一次性经口灌胃给药，观察动物给药后 14d 内的中毒症状及死亡情况。

（3）结果。经口给药后，10000mg/kg 体重、4640mg/kg 体重剂量受试动物分别于 0.5h、24h 内全部死亡对动物进行大体解剖检查，肉眼观察肝脏有坏死灶：其余组受试小鼠观察期 14d 内未见明显中毒症状及死亡，体重未见异常。观察期满对动物进行大体解剖检查，肉眼观察其主要脏器，未发现有异常改变（见表 3.5-3）。

表 3.5-3　　　急性经口毒性试验结果（鞣花酸十三氯化铁）

动物性别	染毒剂量 /[mg/(kg·bw)]	动物数 /只	体重（$\overline{X}\pm SD$）/g			动物死亡数 /只	动物死亡率 /%
			第 0 天	第 7 天	第 14 天		
雄性	1000	5	19.6±1.4	24.6±1.4	38.9±1.2	0	0
	2150	5	19.5±1.1	25.1±1.3	39.7±1.6	0	0
	4640	5	19.5±1.1	—	—	5	100
	10000	5	19.8±1.4	—	—	5	100
雌性	1000	5	19.3±0.7	23.5±1.1	34.0±1.5	0	0
	2150	5	19.5±1.0	23.9±1.3	34.2±1.8	0	0
	4640	5	19.6±1.2	—	—	5	100
	10000	5	19.4±0.7	—	—	5	100

（4）结论。根据《食品安全国家标准　急性经口毒性试验》（GB 15193.3—2014）中急性经口毒性标准，该送检样品鞣花酸十三氯化铁原形对 KM 小鼠急性经口 LD_{50} 为 3160mg/kg 体重，属于低毒级。

2. 没食子酸十三价铁试验结果

（1）材料和动物。

1）样品：没食子酸十三氯化铁。

2）试验动物和饲养环境：

试验动物：KM 小鼠，由湖南斯莱克景达试验动物有限公司提供，试验动物生产许可证号：SCXK（湘）2019-0004。质量合格证号：No.

430727231101212686，检疫合格后使用。

饲养环境：温度为 21～24℃，相对湿度为 55%～59%。试验动物使用许可证号：SYXK（湘）2019-0016。

饲料：由湖南嘉泰试验动物有限公司提供，生产许可证号：SCXK（湘）2020-0006。

（2）方法。

1）检验依据：《食品安全国家标准 急性经口毒性试验》（GB 15193.3-2014）。

2）样品处理：以样品原形试验。

3）检验方法：采用霍恩氏法，分别按 1000mg/kg 体重、2150mg/kg 体重、4640mg/kg 体重、10000mg/kg 体重剂量经口灌胃染毒。取 KM 小鼠 40 只，体重（19.5±1.0）g，随机分为 4 组，每组 10 只，雌雄对半，禁食过夜。取适量受试物用纯水配成所需浓度溶液，按 0.2mL/10g 体重给小鼠一次性经口灌胃给药，观察动物给药后 14d 内的中毒症状及死亡情况。

（3）结果。经口给药后，4640mg/kg 体重、2150mg/kg 体重剂量受试动物分别于 0.5h、24h 内全部死亡1000mg/kg 体重剂量 2 只雌鼠于 72h 内死亡，对死亡动物进行大体解剖检查，肉眼观察肝脏有坏死灶。其余受试小鼠观察期 14d 内未见明显中毒症状及死亡，体重未见异常。观察期满对动物进行大体解剖检查，肉眼观察其主要脏器，未发现有异常改变（见表 3.5-4）。

表 3.5-4   急性经口毒性试验结果（没食子酸+三氯化铁）

动物性别	染毒剂量 /[mg/(kg·bw)]	动物数 /只	体重（$\overline{X}\pm SD$）/g			动物死亡数 /只	动物死亡率 /%
			第0天	第7天	第14天		
雄性	464	5	19.8±1.3	25.2±1.3	40.0±2.1	0	0
	1000	5	19.5±1.0	24.7±1.4	40.3±1.5	0	0
	2150	5	19.8±1.2	—	—	5	100
	4640	5	19.9±1.2	—	—	5	100
雌性	464	5	19.5±0.8	23.4±0.9	34.2±1.5	0	0
	1000	5	19.7±1.2	25.0±1.1	35.2±1.5	2	40
	2150	5	19.7±1.2	—	—	5	100
	4640	5	19.4±0.8	—	—	5	100

（4）结论。根据《食品安全国家标准 急性经口毒性试验》（GB 15193.3—2014）中急性经口毒性标准，该送检样品没食子酸+三氯化铁原型对雄性 KM 小鼠急性经口 LD_{50} 为 1470mg/kg 体重，对雌性 KM 小鼠急性经口 LD_{50} 为 1080mg/kg 体重，属于低毒级。

第4章 水体致黑物质的微生物絮凝剂研究

4.1 微生物絮凝剂简介

微生物絮凝剂（Bioflocculants）是由微生物经过自身生长代谢而生成的一种存在于细胞外的代谢产物。作为一种高效、安全且没有二次污染的新型的绿色的高分子净水剂[1]，处理后的水体可以到达优良的标准。因此，对于桉树林区库区水源地水体致黑物质、各种天然有机物（NOM）进行吸附使用它不失为一种好方法。研究表明，微生物絮凝剂具有拥有丰富的官能团结构，如氨基、羧基和羟基等[2,3]，能够有效地与水环境中多种环境激素、抗生素、NOM、药品和个人护理品（PPCPs）、微塑料、高分子有机污染物及多种重金属离子结合。许多微生物絮凝剂（如 *Pseudomonas sp.*，*Rhodococcus sp.*，*Paenibacillus sp.*，*Shewanella sp.* 和 *Desulfovibrio sp.* 等代谢产生的微生物絮凝剂）对于水体中多种环境激素、抗生素、NOM、PPCP 及高分子有机污染物的吸附量可达到 $\mu g/L$[4]。微生物絮凝剂不但具有生物吸附的特性，还可以同时克服生物吸附材料的固有缺陷，如对水质适应性强，耐冲击，抗干扰能力强，且不需要预处理等额外操作，处理后达到较好的出水水质，因此，微生物絮凝剂已成为一种高效、安全且没有二次污染的新型绿色高分子净水材料，具有广阔的应用前景[3]。

4.1.1 微生物絮凝剂研究现状

对于微生物絮凝剂的研究，目前国内外已经发现多株可以分泌出胞外聚合物的微生物，其涉及种类繁多，真菌、细菌、放线菌、藻类均有涉及[5]，其中有的菌株所分泌出的微生物絮凝剂可以对水体中含有的悬浮废物颗粒进行吸附去除，如邓述波等所得到的 A-9 菌株[6]；夏四清等得到的 T-J₁ 菌株[7]；郑艳等得到的 F19 菌株[8]；武春艳得到的 D7 菌株[9]；余莉萍得到的 J-25 和 Y-1 菌株等[10]。产絮菌种类见表 4.1-1。

LI 等[11] 研究了 *Bacillus licheniformis* 所产生的微生物絮凝剂与 $CaCl_2$ 结合成复合絮凝剂而应用于饮用水的处理，去除 COD 可达 61.2%，浊度可达 95.6%。

表 4.1-1　　　　　　　　　　产 絮 菌 种 类[3]

产絮菌种类	产絮菌拉丁文名称	产絮菌中文名称
细菌（G⁺）	*Rhodococcus erythropolis*	红平红球菌
	Mycobacterium phlei	分枝杆菌属
	Pseudomonas aeruginosa	铜绿假单胞菌
	Klebsiella sp.	克氏杆菌属
	Bacillus sp.	杆状菌
细菌（G⁻）	*Alcaligenes latus*	产碱杆菌属
	Agrobacterium sp.	土壤杆菌属
	Pseudomonas fuorescens	荧光假光胞菌
	Corynebacterium	棒状杆菌属
	Pseudomonas faecalis	粪便假单胞菌
	Corynebacterium brevicale	棒状杆菌
	Flavobacterium sp.	黄杆菌属
	Enterobacter sp.	肠杆菌属
真菌	*Geotrichum candidum*	白地霉
	Aspergillus sojae	酱油曲霉
	Aspergillus parasiticus	寄生曲霉
	Circinella sydowi	卷霉属
	Aspergillus ochraceus	棕曲霉
	Sordaria fimicola	粪壳菌属
	Paecilomyces sp.	拟青霉属菌
	Saccharomyces cerevisiae	椭圆酿酒酵母
放线菌	*Nocardia rhodnii*	红色诺卡氏菌
	Nocardia restricta	椿象虫诺卡氏菌
	Streptomyces grisens	灰色链霉菌
	Streptomyces vinaceus	酒红色链霉菌
藻类	*Anabaenopsis circularis*	环圈项圈属
	Phorimidium sp.	席藻属
	Chlamydomonas sp.	衣藻属
	Calothrix sp.	眉藻属

此外，生物絮凝剂还可以高效率处理江河水中 NOM 和细菌，拓宽了应用范围及发展前景[12,13]。杨阿明等[14] 使用菌株 TJ_1 菌生产微生物絮凝剂，将其投加至污泥脱水中，其脱水率可以达到 82%。

ZHAO 等[15] 发现的 *Klebsiella pneumoniae* 菌生产的絮凝剂，将其投加至水体中以去除水体中的致病变形虫中，其去除率可以达到 84%。Sathiyanarayanan 等[16] 使用 *Bacillus subitilis* 生产微生物絮凝剂，将其投加至银纳米粒子的合成过程中，所产生的银纳米粒子呈球形，且保存较为稳定，可以稳定保存至 5 个月，可以看出，在环境领域中，微生物絮凝剂应用正在不断地扩大，在环境领域的影响也在逐渐得到重视，是一项有利于环境事业的研究。在水处理领域中微生物絮凝剂虽获得了一些成绩，但仍存在着难于分离回收、重复利用率低等缺陷，因此开发一种能够克服这种缺点的吸附剂非常重要。

在环境领域中的水处理方向中传统吸附剂已取得了一定效果，但其还有难于分离回收，重复利用等缺陷，因此，开发出一种能够克服这种缺陷的吸附剂已经成为了当前的热点。与传统的微生物吸附剂相比，磁性吸附材料具有固液分离速度快、吸附效率高等优点，同时能够提高重复使用能力，简化了吸附分离过程，成为了理想材料。在合成磁性吸附材料时，目前常见的磁性物质包括 Fe_3O_4、$BaFe_{12}O_{19}$、$\gamma\text{-}Fe_2O$、Ni、$CoFe_2O_4$、Co 等，其中以 Fe_3O_4 的应用最为广泛[17-19]，由于磁性物质表面几乎不具备功能基团，且不是多孔结构，一般不直接作为吸附材料，当二者结合后进行吸附作用，可以有效解决这一问题，主要合成方式为物理包埋和化学键结合。

对于物理包埋，其合成方法主要有两种：①一步合成法即所需磁性物质在合成过程中同步完成包埋[20]；②两步合成法即先对所需的磁性物质进行合成，然后将吸附剂进行磁核的包埋，其中两步法分为不加交联剂和加入交联剂的两种方式，如果当吸附剂本身就具有较强的活性基团，仅通过静电作用就可以主动地分散至磁性物质颗粒的表面，通过凝聚作用就可以完成磁核包覆时，则不需要加入交联剂[21]；而在需要加入交联剂的合成方法中，将磁性物质与分散好的吸附剂加入至水相中以后再加入有机溶剂，从而实现了油包水的反向体系，再向其中加入甲醛、戊二醛等交联剂，以此来实现吸附剂和磁核之间的交联包覆[22]。化学键结合则是通过一些表面活性剂或者是某些特定的催化剂来参与整个基团反应，从而来实现整体合成步骤[23]，化学键结合虽然稳定结合性能也较为稳定，但是对于生物材料来说却并不实用，用生物材料制备过程之中，要保证制备条件的温和，同时化学键会造成生物材料官能团的占用，从而影响吸附性能。因此在生物絮凝剂的磁性材料结合中，应选取包埋法进行试验，包埋法的操作简单、实验条件温和，缺点就是其所合成材料粒径不宜控制，较为分散，容易在洗脱过程中被破坏而降低重复利用率[24,25]。

4.1.2　微生物絮凝剂的组成结构

作为天然有机高分子物质，微生物絮凝剂不仅种类繁多，而且结构性质各异。微生物絮凝剂的组成结构直接决定了其功能特性，因此探讨微生物絮凝剂的吸附特性和吸附机制，就必须从根本上明确其成分。近年来，国内外研究学者借助各种物理、化学和生物的研究手段对各种微生物絮凝剂的组成结构进行了较为详细的分析。目前文献报道的微生物絮凝剂的微观立体结构主要有球状和纤维状两种[26,27]。研究者主要采用呈色反应和紫外扫描等手段定性微生物絮凝剂的组成成分，然后再对微生物絮凝剂的各组分进行定量分析，研究结果表明微生物絮凝剂大多属于多糖类絮凝剂和蛋白类絮凝剂，另外还有少量含有脂类和核酸类物质。

（1）多糖类絮凝剂。目前已发现的微生物絮凝剂大部分属于此类，或其成分主要是多糖类物质，具有较高的分子量。目前对于多糖的组成结构研究还没有较成熟的方法，在实际研究中需要结合物理、化学或生物等手段来进行解析，如酸碱降解、薄层层析法（TLC）、高效液相色谱法（HPLC）、气相色谱法（GC）、气相色谱质谱联用技术（GC-MS）等。先将样品经交换层析、凝胶层析薄层层析进行纯化，再将多糖进行酸水解后做薄层层析分析，确定多糖中含有几种单糖组分，然后将酸水解后的产物进行乙酰化衍生，通过 GC-MS 分析多糖中的单糖残基组成及各单糖残基间的比例。目前研究较多的多糖类絮凝剂的组成见表 4.1－2。马放教授团队从土壤中分离得到了一株高效产絮菌 *Agrobacterium tumefaciens*，经研究发现它所分泌的胞外聚合物属于多糖型胞外聚合物，多糖含量占 97.4%，主要由半乳糖、葡萄糖和甘露糖组成。团队还将两种产絮菌株（*Rhizobium radiobacter* 和 *Bacillus sphaeicus*）进行混合培养，获得了一种新型微生物絮凝剂 CBF[28]。通过组成结构研究，得出 CBF 也属于多糖型胞外聚合物。除了组成结构分析以外，该团队还对产絮菌的生长理化特性、生产发酵、絮凝剂的絮凝特性、絮凝机制和相关应用等方面进行了系统研究，形成了从菌种开发、絮凝剂发酵到应用的完整研究体系，为多糖型微生物絮凝剂的产业化应用奠定了理论基础，为微生物絮凝剂及其他环境生物制剂的开发提供了指导依据。

表 4.1－2　　　　　　　文献中热点多糖类絮凝剂的组成

微生物絮凝剂名称	多　糖　组　成	单糖残基比例
EPS－Bc[29]	鼠李糖，甘露糖，半乳糖，葡萄糖醛酸	2：2：3：3
ARP－3[30]	葡萄糖，半乳糖，琥珀酸，丙酮酸	5.6：1.0：0.6：2.5
Al－20[31]	葡萄糖，半乳糖，葡萄糖醛酸	6.34：5.55：1.0

续表

微生物絮凝剂名称	多 糖 组 成	单糖残基比例
BP25[32]	葡萄糖，甘露糖	4 : 1
Pestan[33]	葡萄糖，葡萄糖胺，葡萄糖醛酸，鼠李糖	100 : 3.5 : 1.6 : 1.3
DP－152[34]	葡萄糖，甘露糖，半乳糖，海藻糖	8 : 4 : 2 : 1
CBF[35]	鼠李糖，甘露糖，葡萄糖，半乳糖	1.1 : 2.1 : 10.0 : 1.0

（2）蛋白类絮凝剂。目前报道的蛋白类絮凝剂主要由蛋白质或糖蛋白组成。分析蛋白质类物质组成结构的技术已经较完善，可以通过氨基酸分析仪来分析氨基酸种类。对于糖蛋白类絮凝剂的组成结构分析，要先破坏连接糖和蛋白质的糖苷键，再分别研究其中的糖和蛋白质组分。目前的研究成果中，Takeda 等[36] 分离得到了 *R. Erythropolis* 的絮凝剂 NOC－1，组分分析结果表明其主要成分为蛋白质，在 SDS-PAGE 凝胶电泳中有多条谱带，相对分子质量高达 75000 Da。Liu 等[37] 从 *Chryseobacterium* 中分离得到的絮凝剂 MBF－W6 的主要成分也是蛋白质，含量占 32.4%。Yokoi 等[38] 利用氨基酸分析仪发现 *Bacillus subtilis* 产生的蛋白型絮凝剂中的蛋白质主要由 γ-谷氨酸组成。相比于多糖型微生物絮凝剂，蛋白型微生物絮凝剂因其更高的蛋白含量，具有更丰富的官能团结构，如羟基、羧基和胺基等，更有利于对水中重金属离子的去除。

（3）脂类絮凝剂。目前发现的脂类絮凝剂较少。Kurane 等[39] 从 *R. erythropolis* S－1 中分离发现的絮凝剂是目前唯一报道的脂类絮凝剂。它主要由糖和脂肪酸组成，其中糖组分是由葡萄糖和海藻糖组成，而脂肪酸组分则是由海藻糖单分枝菌酸、葡萄糖单分枝菌酸和海藻糖二分枝菌酸三种分枝菌酸组成，分子量为 496～606 Da。

（4）核酸类絮凝剂。核酸类絮凝剂产量非常低、研究很少，一般几升发酵液中只能提取出几毫克絮凝剂，这在实际生产中是不现实的，不过这种微生物分泌到胞外的微量核酸类物质对生态环境具有一定净化作用。Sakka 等[40] 分离得到的 *Pseudomonas sp.* 絮凝剂的主要成分是双链 DNA。核酸类物质也会和蛋白质结合组成絮凝剂。国内有报道[41]，*Sporolactobacillus sp.* 和 *Arthrobacter sp.* 所分泌的絮凝剂经鉴定为核蛋白类物质。

微生物絮凝剂的结构分析主要采用红外光谱、X 射线能谱和核磁共振等方法来确定其官能团结构。研究发现多糖类絮凝剂中一般含有羟基、C—H、甲基和糖环等多糖的特征结构，而糖蛋白类絮凝剂既含有多糖的特征官能团，也含有蛋白质的特征结构，如胺基、羧基和硫酸基等，如 Suh 等[34] 利用红外光谱等多种光谱手段研究了 DP－152 菌株产的糖蛋白类絮凝剂 ZS－7 的特征官能团，结果得出糖蛋白类絮凝剂 ZS－7 含有—OH，—NH$_2$，COO—，CH$_3$O—等多种糖和蛋白质的特征基团。

4.1.3　磁性吸附材料在水处理之中的应用

磁性吸附材料应用范围广泛，其不仅可以被使用为催化剂或是载体来降解水中的有害污染物，还可以直接吸附去除水体中的有机污染物、重金属离子等。在水处理中的应用中，要做到真正的无二次污染，最关键的问题就是磁性分离装置的设计开发与应用。通过电磁铁所形成的磁场进行磁化从而构成磁场梯度来捕集磁性颗粒，目前已广泛地应用到了生物方向细胞、酶的分离、废水处理等领域[42~45]。

周利民等[24]使用了羧甲基壳聚糖聚合磁性吸附材料来吸附 Zn^{2+}，可以有效地去除且速率很快。Yantasee 等[46]使用 DMSA 来对 Fe_3O_4 进行表面修饰合成，用于吸附去除水体中的 Hg、Ag、Pb 等重金属离子，并得出结论，使用该合成材料时，去除 NOM、PPCP、重金属等污染效果较好。

ZHOU 等[47]制备了用于去除 Sb（V）的微生物胞外聚合物包覆纳米零价铁（EPS@nZVI），提高了 nZVI 的反应活性，增强了 nZVI 的还原性和吸附性。这些均表明，去除 NOM、PPCP、重金属等水体污染物时，使用磁性材料能够具有一定的增强作用。

4.1.4　微生物絮凝剂的磁性分离研究

微生物絮凝剂对水中的多数胶体颗粒和悬浮物的去除效能较理想。微生物絮凝剂进入污染水体后，后利用它的活性基团会吸附胶体颗粒或悬浮物，然后吸附污染物的微生物絮凝剂之间会产生桥连，形成更大的絮团，在重力作用下发生自沉降，同时在沉降过程中也会进一步网捕和卷扫目标污染物，从而将污染物去除。然而，微生物絮凝剂在处理水中某些 NOM、PPCPs、络合物、重金属离子后自沉降效果不佳，即使增加微生物絮凝剂投加量也无能为力，这主要是因为这些高分子有机物、络合物、重金属离子表面荷电量高、亲水性很强，微生物絮凝剂在吸附后仍然悬浮于水溶液中，很难实现污染物絮团的高效沉降，因而很难从水中分离，这就给后续处理带来了很大困难，拟去除物虽然转移到微生物絮凝剂上，但并未从水中去除。

因此，为了克服微生物絮凝剂在水中难分离的瓶颈，需要引入其他更强的物理力场。磁性四氧化三铁纳米颗粒（Fe_3O_4）因其简单易分离的属性已经引起了研究者的广泛关注。目前，关于磁性高分子材料的合成与性能研究的报道很多，例如将腐殖酸和壳聚糖与磁性 Fe_3O_4 纳米颗粒复合制备成磁性材料[48,49]，可有效地去除水中某些 NOM、PPCPs、络合物、重金属离子（如 Cu^{2+}，Pb^{2+}，

Cd^{2+} 和 Hg^{2+}），在外加磁场作用下可简单迅速地实现磁性材料的分离。

微生物絮凝剂作为一种属于高效、安全、无二次污染的新型绿色高分子净水剂，不但具有强大的生物吸附特性，而且还可以同时克服常规生物吸附材料的固有缺陷，对水质适应性强，耐冲击，抗干扰能力强，不需要预处理等额外操作，操作简单，运行成本低，处理后达到较好的出水水质，因此，微生物絮凝剂已经成为当今世界重金属生物吸附领域的可替代新材料，具有广阔的前景。

4.1.5　微生物絮凝剂的发展趋势

在近几年研究中，微生物絮凝剂已经被广泛应用到多个领域，包括水环境中多种环境激素、抗生素、NOM、PPCPs、微塑料及多种重金属离子的净化去除，污水处理厂中污泥脱水、生物细胞的去除、有利生物质的回收等。在处理原水时，其安全、无污染对于人类健康来说具有重要意义，使用生物絮凝剂，可以达到这一要求，而被广泛应用于水环境净化，尤其是饮用水净化领域。

从实际中的应用来说，生产成本偏高是一个要解决的重要的问题，怎么使用一些废弃物作为原料来大批量地生产微生物絮凝剂进而解决生产成本，来扩大微生物絮凝剂的使用规模可能是当前最主要瓶颈问题[50]。目前来说，微生物絮凝剂在面对不一样的污染物时，处理效果存在差异，缺乏普适性，解决这一问题，根据微生物絮凝剂的官能团、合成基因、合成路径来定向合成微生物絮凝剂，从而定向对于污染物进行处理[51]。对于微生物絮凝剂的难分离，难回收的弊端研究仍旧不完善，对于引入磁性材料复合不同类型微生物絮凝剂合成磁性微生物絮凝剂的方向，研究很少。因此，利用磁性絮凝剂吸附水环境中多种环境激素、抗生素种、NOM、PPCPs、微塑料、重金属离子及其他痕量污染物方向具有十分广阔的应用前景。

4.2　微生物絮凝剂的研制及其组成特征

4.2.1　微生物絮凝剂的研制

桉树林区水库致黑物质种类主要为桉树茎叶残体浸出液富含黑色溶解性有机碳、单宁酸与金属离子结合形成的黑色络合物，以及当水体缺氧时形成的黑色金属硫化物。本研究拟采用 *Klebsiella sp.* 和 *A. Tumefaciens* 两种产絮菌所分泌的絮凝剂即蛋白型微生物絮凝剂和多糖型微生物絮凝剂为主要实验材料。由于微生物絮凝剂不易沉降，不易与水体进行分离，拟将所研发的微生物絮凝剂

与磁性 Fe_3O_4 纳米颗粒通过化学方法来进行复合，形成一种磁性微生物絮凝剂，再借助利用外部磁场作用，实现胶水分离、强化净水效果。

4.2.1.1 实验材料

（1）实验菌株。本实验所用菌为从污水处理厂得到的产絮菌株-克雷伯氏菌株 J_1（Klebsiella variicola；GenBank 登录号为 KF770752，保藏号 CGMCC No.6243）和土壤中筛选出来的革兰氏阴性菌中的土壤根瘤杆状菌属 F_2（Agrobacterium tumefaciens；GenBank 登录号为 AFSD00000000.1，保藏号 CGMCC No.10131），保存于中国微生物菌种保藏中心。

（2）实验仪器。本实验应用的仪器见表 4.2 - 1。

表 4.2 - 1　　　　　　　　实　验　仪　器

序号	实 验 仪 器	型　号	制 造 商
1	双层全温度恒温振荡器	ZHWY - 211B	上海智诚分析仪器制造有限公司
2	721 可见分光光度计	721	上海棱光技术有限公司
3	电子天平	ALC - 210.4	北京赛多利斯天平有限公司
4	鼓风干燥箱	DH - 9053A	上海益恒实验仪器有限公司
5	全自动压力蒸汽灭菌锅	8037 - SGS	长春百奥生物仪器有限公司
6	磁力搅拌器	78 - 1	江苏大地自动仪器厂
7	垂直流超净工作台	ZHJH - 1109	上海智诚分析仪器制造有限公司
8	超纯水仪	Master - S	上海和泰仪器有限公司
9	高速台式离心机	TG16 - WS	上海安亭科学仪器厂
10	高效液相色谱仪	LC - 20A	日本岛津公司
11	超低温冰箱	U410 - 86	美国 NBS 公司
12	冻干机	FD5 - 3	美国 SIM 公司
13	Zeta 电位分析仪	Malvern Nano - Z	英国 Malvern Instruments 公司
14	扫描电子显微镜-能谱联用仪	Quanta 200	美国 FEI 公司
15	透射电镜-能谱联用仪	XDT - 10	南京江南光学仪器厂
16	三维荧光光谱仪	FP - 6500	日本 JASCO
17	傅里叶红外光谱仪	Avatar 360	美国尼高力公司
18	X-射线衍射仪	D8 ADVANCE	德国 BRUKER 公司
19	气相色谱-质谱联用仪	QQQ7000	美国 Agilent 公司
20	电感耦合等离子发射光谱仪	Optima 5300 DV	美国 PE 公司
21	X-射线光电子能谱仪	VG Thermo probe	美国 THERMO ELECTRON 公司
22	振动试样磁力计	TM - 801	日本 KANETEC 公司

（3）实验试剂。本实验采用的化学试剂见表 4.2-2。

表 4.2-2　　　　　　　化 学 试 剂

序号	化 学 试 剂	纯度	制 造 商
1	浓盐酸	分析纯	国药集团化学试剂有限公司
2	无水乙醇	分析纯	黑龙江省百灵威科技发展有限公司
3	乙酸乙酯	色谱纯	迪马科技有限公司
4	乙腈	色谱纯	迪马科技有限公司
5	异硫氰酸苯酯	色谱纯	美国 Sigma 公司
6	三乙胺	色谱纯	美国 Sigma 公司
7	甲醇	色谱纯	美国 Sigma 公司
8	冰醋酸	分析纯	国药集团化学试剂有限公司
9	$AgNO_3$	分析纯	美国 Sigma 公司
10	无水乙酸钠	分析纯	国药集团化学试剂有限公司
11	乙酸酐	色谱纯	美国 Sigma 公司
12	硼氢化钠	分析纯	美国 Sigma 公司
13	氯仿	分析纯	美国 Sigma 公司
14	$Pb(NO_3)_2$	分析纯	美国 Sigma 公司
15	$K_2Cr_2O_7$	分析纯	美国 Sigma 公司
16	$Cu(NO_3)_2$	分析纯	美国 Sigma 公司
17	$Zn(NO_3)_2$	分析纯	美国 Sigma 公司
18	$AgNO_3$	分析纯	美国 Sigma 公司
19	$FeCl_3 \cdot 6H_2O$	分析纯	美国 Sigma 公司
20	$FeSO_4 \cdot 7H_2O$	分析纯	美国 Sigma 公司
21	氨水	分析纯	美国 Sigma 公司
22	$Na_2S_2O_8$	分析纯	美国 Sigma 公司
23	苯酚	分析纯	国药集团化学试剂有限公司

（4）培养基。

1）发酵培养基、絮凝培养基：葡萄糖 10g/L，酵母膏 0.5g/L，K_2HPO_4 5g/L，NaCl 0.1g/L，KH_2PO_4 2g/L，尿素 0.5g/L，$MgSO_4 \cdot 7H_2O$ 0.2g/L，pH7.2～7.5，灭菌 30min（l12℃）[2]。

2）普通培养基、菌株培养基：蛋白胨 10g/L，NaCl 0.1g/L，酵母膏 5g/L，pH7.0～7.2，灭菌 20min（121℃）[2]。

4.2.1.2　实验方法

1. 微生物絮凝剂的制备[2]

微生物絮凝剂的制备需要经过三个阶段：种子液的制备、发酵液的制备、干粉的制备[2]。其具体方法操作如下：

在制备蛋白型（J_1）微生物絮凝剂时，在菌株培养基中使用接种环取一环进行接种，接种至液体发酵培养基（普通培养基）（100mL）中来作为种子液，在30℃、120r/min的反应条件下进行摇床培养24h，将培养完成的种子液取出，以7％的接种量将发酵好的种子液接种至发酵培养基（絮凝培养基）中，再在30℃、120r/min的摇床条件下发酵21h，从而使菌体能够充分分泌絮凝剂，采用离心机离心的方法来去除溶液所含菌体，取上清液加入2倍体积的4℃预冷处理的无水乙醇进行粗提纯化，使用玻璃棒将所产白色絮体调出。使用超纯水进行透析24h，之后将所得到产物置于−80℃超低温冰箱中冷冻，再用冻干机进行冷冻干燥制备出微生物絮凝剂干粉，用以研究。

在制备多糖型（F_2）微生物絮凝剂时，步骤与蛋白型（J_1）相同，但种子液的培养时间调整为30h，发酵液的培养时间调整为30h。其余操作均一致。

2. 磁性微生物絮凝剂的制备[2]

（1）方法一。使用纳米Fe_3O_4颗粒来制备固定化微生物絮凝剂，Fe_3O_4颗粒的制备采取共沉淀的方法，使用氨水来作为沉淀剂使其表面具有氨基基团。使用实验室电子天平分别称取$FeCl_3 \cdot 6H_2O$ 23.5g，$FeCl_2 \cdot 4H_2O$ 8.6g，溶解至1L超纯水中，使用氮吹的方式在N_2的保护下进行地剧烈搅拌，并同时向液体中缓慢加入13％氨水，使其pH值逐渐上升，当测量到pH值上升到10时，关掉蠕动泵，停止氨水的输入。之后使用外部手持磁对反应瓶进行施加磁场，以快速高效地收集所产磁性物质，使用超纯水对于所得物质进行反复地清洗，直至上清液pH值不再发生变化，后离心收集备用，在水浴摇床中，向已经溶解的微生物絮凝剂中加入双功能试剂戊二醛和制备所得磁粉，在室温条件下，两者开始进行交联反应，交联30min后，使用外部磁场将其沉淀，倒掉上清液后3次缓冲液冲洗直至上清液中无残留。

（2）方法二。采用共沉淀的方式来制备磁粉，使用实验室电子天平秤称取$FeCl_3 \cdot 6H_2O$ 6.1g，$FeSO_4 \cdot 7H_2O$ 4.2g溶解至100mL蒸馏水中，水浴加热至90℃，向溶液中快速依次加入25％氨水10mL，蒸馏水50mL，搅拌30min冷却至室温，对所得液体进行离心，去除上清液，收集所得黑色沉淀，水洗直至pH值呈中性，将所制备出的黑色沉淀进行干燥后研磨即为所需磁性Fe_3O_4颗粒。称取所制备出的Fe_3O_4颗粒0.5g，投加至500mL超纯水中后进行超声分散，待颗粒分散完全后，将0.5g J_1微生物絮凝剂和0.05g过硫酸钠$Na_2S_2O_8$依次投加

至 Fe_3O_4 颗粒分散溶液进行反应，反应条件为冰水浴，反应时间 5h，在交联剂过硫酸钠 $Na_2S_2O_8$ 的作用下，磁性 Fe_3O_4 颗粒能够和微生物絮凝剂成功交联并且形成磁性絮凝剂，将所得物质使用冰乙醇洗涤后放置于外部磁场静止沉淀 24h 后，弃去上清液，放置于真空干燥箱后干燥，将其研磨至粉末状则可得到实验所用蛋白型（J_1）磁性絮凝剂。

称取 0.25g 多糖型（F_2）微生物絮凝剂进行投加，其余与 J_1 实验步骤相同，可得到实验所用多糖型（F_2）磁性絮凝剂。

3. 微生物絮凝剂的组分分析

(1) 微生物絮凝剂各组分的定性定量方法。

1) 核酸的定性反应。取适量微生物絮凝剂溶液样品于 10mL 离心管中，以 4000r/min 的转速离心 1h，在紫外分光光度计（UV-2550）下以 0.1nm 步长间隔，从 190～700nm 对上清液样品进行全波长扫描，一般核酸类大分子定性吸收峰在 260nm 处，观察此处的出峰情况。

2) 脂类的定性反应。取适量微生物絮凝剂液体固定在载玻片上，用苏丹黑（0.3%）染液染色 10min，将染液冲洗掉水洗并吸干水分。然后用二甲苯进行黑色素脱色，番红花红水（0.5%）复染 1min，将染液冲洗掉水洗并吸干水分。最后用显微镜观察拍照，如果微生物絮凝剂含有脂类成分，则会观察到蓝黑色的脂肪粒。

3) 蛋白质的定量反应。利用 BCA 试剂盒，其中包含 BCA 工作液和 PBS 标准样品。分别吸取 PBS 标准液 $0\mu L$、$20\mu L$、$40\mu L$、$60\mu L$、$80\mu L$、$100\mu L$ 至试管中，加蒸馏水至 $100\mu L$。每个试管中加入 2.0mL BCA 工作液，混匀在 37℃ 下水浴加热 30min。冷却至室温，在分光光度计下进行检测，波长设定为 562nm。以横坐标为蛋白微克数，纵坐标为光密度值，绘得标准曲线。取 $100\mu L$ 微生物絮凝剂液体（2mg/mL），按 PBS 标准样的测定步骤测定蛋白质含量。

4) 多糖的定量反应。首先利用测定的吸光度绘制多糖的标准曲线。具体操作如下：准确称取标准葡萄糖 20mg 于 500mL 容量瓶中，加水至刻度，从中分别吸取 0、0.2、0.4、0.6、0.8、1.0、1.2、1.4、1.6 及 1.8mL，分别置于 25mL 比色管，加蒸馏水至各比色管达到 2.0mL，再向中加 1.0mL 的苯酚溶液（6%）和 5.0mL 的浓 H_2SO_4 液体，晃匀后在室温下静置 20min，最后用 721 可见分光光度测定吸光度，波长设置为 490nm。然后取 1mL 微生物絮凝剂 MFX 液体（2mg/mL），按照标准曲线的测定步骤测定含糖量。

(2) 微生物絮凝剂各组分的组成分析方法。

1) 蛋白质组成分析。

a. 微生物絮凝剂预处理。首先将微生物絮凝剂水解，即向水解管里放入适量的微生物絮凝剂干粉，再滴加 1mL HCl 溶液，浓度为 6mol/L，通入氮气以隔绝空气，随后将水解管密封放入干式加热器里（110℃）24h。最后微生物絮凝剂水解样品溶液倒进超洁净管里，氮吹蒸发。

b. 氨基酸标样的衍生化。在烧杯中配制 1mol/L 的三乙胺溶液，取 12.5mL 加进比色管中，再向其中加入氨基酸标样（25mL），盖紧盖子进行震荡，待两种溶液混合均匀后，再加入异硫氰酸苯酯溶液（12.5mL，0.1mol/L），混合均匀后静置，1h 后再向比色管中加入正己烷（100mL）溶液，涡旋震荡后再静置，10min 后用移液枪吸取 20mL 下层溶液放入取样瓶中，再将乙酸钠水溶液（180mL，0.05mol/L）投加到取样瓶中，混合均匀后用 0.22μm 的醋酸纤维膜过滤，将滤液移入液相小瓶中，盖紧待测。

c. 微生物絮凝水解样品的衍生化。将微生物絮凝剂水解后的样品同样按上述方法进行衍生化操作，处理后待测。

d. 高效液相色谱 HPLC 条件。高效液相色谱测试使用的是色谱柱 C18，柱温是（35±5）℃，流动相是甲醇和乙腈的混合溶液，其中甲醇、乙腈和水三者的体积比为 20∶60∶20，流速 1.0mL/min。

2）多糖组成分析。

a. 微生物絮凝剂的水解。向水解管里放入 2mg 的微生物絮凝剂干粉，滴加 1mL 三氟乙酸 TFA 溶液，浓度为 2mol/L，90min 后用旋蒸仪将样品蒸干，加入甲醇溶液（2mL）旋转蒸发；加入 2mL 蒸馏水和 $NaBH_4$，8h 后加入 CH_3COOH 中和，用旋蒸仪将样品蒸干，加入甲醇溶液旋转蒸发。最后将样品放入烘箱（110℃）烘干。

b. 单糖标样和微生物絮凝剂水解样品的衍生化。向微生物絮凝剂水解后的样品中加入 1mL 乙酸酐进行乙酰化，水浴（100℃）1h，室温冷却后加入甲苯溶液，将样品减压旋蒸至干。再将样品用氯仿溶液复溶，移至分液漏斗中加入少量蒸馏水充分震荡使其分层，取下层的氯仿层用适量的 Na_2SO_4 干燥，最后定容至 10mL，封装待测。单糖标样也同样用上述办法进行衍生化操作，待测。

c. 气相色谱质谱联用 GC-MS 测试条件。气相色谱质谱联用使用的是色谱柱 Hp-5，起始温度为 120℃，然后以 3℃/min 的速度升至 250℃，进样口和检测器温度为 250℃，空气流速为 400mL/min，H_2 流速为 30mL/min，载气（N_2）流速为 1mL/min。

4. 微生物絮凝剂的电化学氧化还原特性分析

采用电化学循环伏安法（CV）测定微生物絮凝剂 MFX 表面基团的氧化还原性质。反应条件为起始电位 0.6V，转向电位 −1.4V，以 0.1V/s 的扫描速度连续扫描 24 个循环测量 MFX 的电化学氧化还原过程，电极为 3mm 直径暴露面的玻碳电极，参比电极为双盐桥的 Ag/AgCl 参比电极。反应液中包含 0.01mol/L KCl 增强电解质，同时加入 0.001mol/L 的 1,3 二硝基苯（1,3 – DNB）在 MFX 溶液中为了便于区分 MFX 的电化学还原和氧化电流，因为二硝基苯在硝基还原过程中会产生很强的还原电流。

5. 仪器光谱检测方法

（1）傅里叶红外光谱法（FTIR）。在干燥环境下，将样品与纯 KBr 均匀研磨后置于磨具中，在油压机上压成样本薄片。利用红外扫描仪在 4000 – 400cm – 1 范围内进行扫描，获得特征官能团吸收峰图谱。

（2）扫面电镜-能谱联用法（SEM-EDS）。将样品经过固定、离心、脱水、置换和干燥等前处理后，胶粘到样品台上进行喷金，在室温及大气环境下利用扫描电镜观察表面形貌。同时采用扫描电镜连接的能谱仪，对样品的观测区域进行扫描测试，得到元素组成结果。

（3）Zeta 电位分析法（Zeta potential）。将液体样品置于测试器皿中，利用 Zeta 电势分析仪对样品的 Zeta 电势进行检测，分析其带电性。

（4）三维荧光光谱法（3D-EEM）。将样品溶液置于测试器皿中，以超纯水作为参比样，以 200nm/min 的速度进行 3D-EEM 扫描，激发波长和发射波长分别为 220～450nm 和 220～650nm，观察样品的荧光性。

（5）X 射线光电子能谱法（XPS）。将样品真空冷冻干燥后，用 X 射线光电子能谱仪进行扫描，分析样品上的元素组成及价态结构。测试条件：高分辨率扫描能量 70.0eV，总扫加速电子能 30.0eV。

（6）透射电镜-能谱联用法（TEM-EDS）。将样品溶于超纯水中，制成水溶液后进行超声，取 1.0mL 滴加在 TEM 制样铜网上，在室温下干燥 10min，放 TEM 支架进行形貌观察分析。同时采用 TEM 连接的能谱仪，对样品的观测区域进行扫描测试，得到元素组成结果。

（7）磁力分析法（VSM）。室温下，利用振动试样磁力计对样品在 －10000～10000 Oe 的范围内进行测定，以分析其磁属性。

（8）X 射线衍射光谱法（XRD）。样品经冷冻干燥后，使用 X 射线衍射仪分析样品的晶体结构，参数设置：扫描角度 2θ 为 $10°～90°$，扫描速度为 $4°/min$，扫描步长为 0.02，根据衍射峰的谱图中的晶面组成定性样品。

4.2.2　微生物絮凝剂的组分特性分析

微生物絮凝剂的组分主要是各种生物大分子物质，如蛋白质、多糖、核酸和脂类。不同的成分、结构和性质决定了它不同的功能和应用。因此，明确微生物絮凝剂的组成结构和理化性质，是开展针对性应用研究的基础，为阐明作用机制及指导大规模实际应用提供了科学理论依据。

本节以高效产絮菌-克雷伯氏菌 *Klebsiella sp.* J₁ 发酵培养产生的微生物絮凝剂为研究对象，采用定性和定量的方法分析它的组成成分。采用 FTIR 谱学分析微生物絮凝剂具有的特征官能团结构。基于 SEM-EDX、Zeta 电位和 3D-EEM 谱学分析，观察微生物絮凝剂的表面形貌，测定其元素组成，考察微生物絮凝剂的荧光性。

4.2.2.1　微生物絮凝剂的组成结构分析

作为一种绿色的天然高分子有机物，微生物絮凝剂在水处理领域有着巨大潜能。微生物絮凝剂的成分结构决定了它不同的功能特性和应用。依照 4.2.1 节具体方法制备微生物絮凝剂干粉，对 MFX 进行组成和结构的分析。

1. 微生物絮凝剂的组分分析[3]

本实验室前期已通过呈色反应对微生物絮凝剂中的糖和蛋白进行定性分析，为了全面分析微生物絮凝剂的组成，本小节将利用紫外-可见分子吸收光谱分析和染色实验对微生物絮凝剂中的核酸和脂类进行定性，并对各主要组分进行定量。

(1) 微生物絮凝剂的组分定性。

1) 核酸的定性分析。凡是含共轭双键结构的物质都具有紫外光吸收能力，不同的物质有它特殊的紫外-可见分子吸收光谱，因此可以通过物质对紫外光的吸收强度不同来定性被检测物质的类别。比如，蛋白质中的氨基酸对可见光是没有光吸收的，但却能吸收紫外光。最大光吸收强度在 280nm 波长处的是蛋白质类大分子物质，而核酸类大分子的定性吸收峰在 260nm 处。通过紫外全波长扫描，如果在 260nm 处形成了吸收峰，则可以定性分析样品中存在着核酸物质。

由于考虑到蛋白质和核酸的特征吸收峰较为接近（蛋白质在 280nm 有吸收峰，核酸在 260nm 有吸收峰），为避免特征吸收峰的相互重叠影响，实验先通过超声盐析的方法把蛋白质盐析分离沉淀，再进行紫外全波长扫描，扫描结果如图 4.2-1 (a)。

图 4.2-1 (a) 显示，在 260nm 处并没有出现宽带的核酸特征吸收峰，表明微生物絮凝剂中并不含有核酸物质，说明在微生物絮凝剂的提取过程中已经去除了残余的菌体细胞。同时在 200nm 附近出现一较强的吸收峰，此处为糖的特征吸收峰，也佐证了前期多糖的定性实验结果，微生物絮凝剂中含有糖类物质。

2) 脂类的定性分析。本实验将微生物絮凝剂样品进行苏丹黑染色实验，镜检结果如图 4.2-1 (b) 所示。可以看出，微生物絮凝剂呈阴性反应，并未出现蓝黑色反应，证明絮凝剂中不含脂类物质。

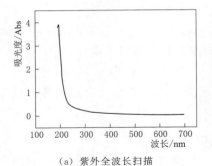 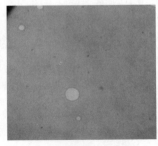

（a）紫外全波长扫描　　　　　　（b）染色后的显微镜成像

图 4.2－1　微生物絮凝剂的紫外全波长扫描和
染色后的显微镜成像

综上，可以定性地判断出微生物絮凝剂的主要成分是多糖和蛋白质。

（2）微生物絮凝剂的组分定量[3]。

1）蛋白质的定量分析。本实验利用 BCA（bicinchoninic acid）蛋白质定量试剂盒对蛋白质进行定量分析。计算结果得出蛋白质含量占微生物絮凝剂总量的 80.65%。

2）多糖的定量分析。对微生物絮凝剂中的多糖定量采用苯酚-硫酸比色法。计算结果得出多糖含量约占微生物絮凝剂总量的 14.86%。

综上，可以定量地判断出微生物絮凝剂中最主要的成分是蛋白质，属于蛋白型微生物絮凝剂，此外还含有少部分的多糖，蛋白质的含量是多糖含量的 5 倍，两者占微生物絮凝剂总质量的 95.5%。

（3）微生物絮凝剂的各组分的组成分析。蛋白质中各氨基酸和多糖中各单糖的种类和含量对于微生物絮凝剂的功能和应用有着重要影响。为了分析微生物絮凝剂中的氨基酸和单糖组成，分别利用 HPLC 和 GC-MS 对微生物絮凝剂样品进行测定。

1）氨基酸组成及比例。氨基酸混合标准品和微生物絮凝剂经水解和衍生化后，进行 HPLC 测试，得到的色谱数据经积分处理，得到微生物絮凝剂中氨基酸的组成及各氨基酸的摩尔百分比，结果见表 4.2－3。由表 4.2－3 可知，微生物絮凝剂含有天冬门氨酸（11.88%）和谷氨酸（11.96%）等 16 种氨基酸。

2）单糖组成及比例。多糖是由多种单糖组成的，不同单糖组成的微生物絮凝剂的结构和性能会有很大差异。酸水解是分析多糖中单糖组成的常用方法，可用于分析微生物絮凝剂中多糖组分。对酸解后的产物进行乙酰化衍生，经过气相色谱-质谱联用仪 GC-MS 分析多糖中的单糖组成及其相对比例。单糖混合标准品和微生物絮凝剂样品经过 GC-MS 分析和数据处理得到微生物絮凝剂单糖组成摩尔百分比结果见表4.2-4。

表 4.2-3　　　　　　　　　　　　　　微生物絮凝剂氨基酸组成

序号	氨基酸名称及代码	摩尔百分比/%	序号	氨基酸名称及代码	摩尔百分比/%
1	天门冬氨酸 Asp	11.88	9	色氨酸 Trp	5.81
2	谷氨酸 Glu	11.96	10	脯氨酸 Pro	3.91
3	丝氨酸 Ser	4.92	11	甘氨酸 Gly	8.93
4	甲硫氨酸 Met	1.65	12	组氨酸 His	2.01
5	异亮氨酸 Ile	5.59	13	精氨酸 Arg	4.98
6	亮氨酸 Leu	7.41	14	酪氨酸 Tyr	2.04
7	苏氨酸 Thr	5.55	15	缬氨酸 Val	8.43
8	丙氨酸 Ala	11.41	16	苯丙氨酸 Phe	3.53

表 4.2-4　　　　　　　　　　　　　　微生物絮凝剂单糖组成

序号	单糖名称及代码	摩尔百分比/%	序号	单糖名称及代码	摩尔百分比/%
1	鼠李糖 Rha	7.85	4	葡萄糖 Glu	24.51
2	岩藻糖 Fuc	8.54	5	半乳糖 Gal	47.61
3	甘露糖 Man	11.48			

表 4.2-4 显示，微生物絮凝剂共含有 5 种单糖，分别为鼠李糖（7.85%）、岩藻糖（8.54%）、甘露糖（11.48%）、葡萄糖（24.51%）、半乳糖（47.61%）。通过氨基酸和单糖组成分析初步了解该蛋白型微生物絮凝剂的化学结构特点，以及某些特征活性组分的分布情况，为结构与功能的研究提供有效信息。

2. 微生物絮凝剂的官能团结构分析

污染物的去除过程是有效官能团综合作用的结果。微生物絮凝剂官能团结构越丰富，其可应用范围越宽广，也越有利于水中污染物的去除。微生物絮凝剂的官能团结构分析是处理不同污染物时微生物絮凝剂定向选择的依据，也有助于微生物絮凝剂作用机制的阐明，利用 FTIR 分析微生物絮凝剂的特征官能团结构，结果如图 4.2-2 所示。

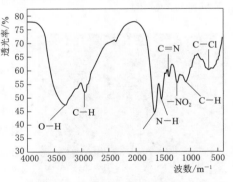

图 4.2-2　微生物絮凝剂的红外光谱图

图 4.2-2 显示，红外特征吸收峰分别出现在 3321.35cm^{-1}，2978.79cm^{-1}，1657.98cm^{-1}，1521.37cm^{-1}，1391.30cm^{-1}，1246.40cm^{-1}，1069.86cm^{-1}。其

中 3321.35cm⁻¹ 处有一宽吸收峰，这是由于 O—H 键的伸缩振动所致；在 2978.79cm⁻¹ 处有一小吸收峰，这是由于微生物絮凝剂结构中的 C—H 键伸缩振动所致；1657.98cm⁻¹ 处的狭长谱带对应的是—N═振动；在 1521.37cm⁻¹ 处的吸收峰对应于 N—H 键弯曲拉伸振动；在 1391.30cm⁻¹ 处的特征峰对应的是 C═N 的振动；在 1246.40cm⁻¹ 的特征峰对应于—NO₂ 双键振动；1069.86cm⁻¹ 处的吸收峰是 C—N 键的变形和收缩。550.00cm⁻¹ 处有一宽吸收峰，这是由于 C—Cl 键的伸缩振动所致。

微生物絮凝剂的官能团主要由 C、N 和 O 组成，主要包括羟基和胺基等。许多相关研究结果表明微生物絮凝剂中的羟基和胺基等特征官能团在有机污染物和重金属离子的吸附过程中起着主导作用。同时，也证明了微生物絮凝剂是含有多糖和蛋白质的天然有机高分子化合物，其中蛋白质含量较高，蛋白型微生物絮凝剂丰富的特征官能团结构为其对水中重金属离子的去除提供有利条件。

4.2.2.2　微生物絮凝剂的理化特性研究

微生物絮凝剂 J₁ 作为一种蛋白型微生物絮凝剂，含有丰富的官能团结构，因此在水污染环境治理领域有着广阔前景和极大潜力。微生物絮凝剂的理化性质也决定了它在水污染处理中的功能。因此，本节拟对微生物絮凝剂的理化性质进行分析。

1. 微生物絮凝剂表面形貌及元素组成

利用 SEM-EDX 对微生物絮凝剂的表面形貌及元素组成进行了观察和分析，结果见图 4.2-3。

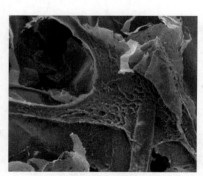

图 4.2-3　微生物絮凝剂 MFX 的
表观形貌

从扫描电镜图中可以清晰地看到微生物絮凝剂的表面有丰富的微孔，排列规则有序，呈交联的网状多孔结构，使微生物絮凝剂的比表面积大大增加，这种空间结构有助于水体中各种环境激素、抗生素、NOM、PPCPs、微塑料及重金属离子等污染物的吸附，同时也使得更多的吸附结合位点暴露在水环境中。

对微生物絮凝剂进行 EDX 能谱扫描，分析其组成元素，结果见表 4.2-5：微生物絮凝剂含有 C、N、O、P、S、K 和 Mg 元素，Au 元素的出现是实验过程中的喷金操作引入，并非微生物絮凝本身固有，C、N、O、P 和 S 是多糖和蛋白质组成的基本元素，而 Mg 和 K 是产絮菌克雷伯氏菌 *Klebsiella sp.* J₁ 生长发酵培养基中的组成元素，是菌体生长代谢产生的。C、N 和 O 的含量较高，质量百分比分别达到

50.94％、17.26％和23.26％，其中微量无机元素的存在更为微生物絮凝剂和废水中的重金属离子的离子交换提供了有利条件。可见，微生物絮凝剂是蛋白质和多糖组成的高分子聚合物。

表 4.2-5　　　　　　　　　　微生物絮凝剂的元素组成

元素	质量百分比/%	原子个数百分比/%	元素	质量百分比/%	原子个数百分比/%
C	50.94	58.93	P	4.76	2.14
N	17.26	17.12	S	0.71	0.31
O	23.26	20.20	K	2.07	0.74
Mg	0.99	0.57			

2. 微生物絮凝剂电荷特性

微生物絮凝剂的主要成分是蛋白质，具有特定的等电点，pH对微生物絮凝剂的带电性有很强的影响。pH等于它的等电点时，絮凝剂不带电；pH高于或低于它的等电点时，絮凝剂会发生解离而表面带电荷。利用 Zeta 电位测定仪测定微生物絮凝剂在不同 pH 下的 Zeta 电位，结果如图 4.2-4 所示。

由图 4.2-4 可知，微生物絮凝剂的等电点在 2.3 左右，当 pH＞2.3 时，微生物絮凝剂解离带负电；当 pH＜2.3 时，絮凝剂带正电。微生物絮凝剂的带电性有利于它通过静电吸附作用去除废水中的各类重金属离子，使其在水处理领域发挥巨大潜力。

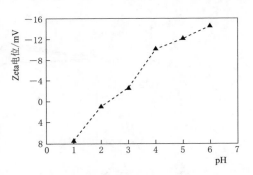

图 4.2-4　微生物絮凝剂在不同 pH 下的
Zeta 电位

3. 微生物絮凝剂的荧光特性

为了考察微生物絮凝剂的荧光特性，以每分钟 200nm 的速度进行 3D-EEM 扫描，激发波长和发射波长分别为 220～450nm 和 220～650nm，结果如图 4.2-5 所示。由图中可以看到微生物絮凝剂有很强的荧光性，共出现了两个清晰明显的荧光峰，第一个峰的 $\lambda_{ex}/\lambda_{em}=$（250～280）nm/（300～380）nm，此荧光峰对应类色氨酸有关的蛋白。第二个峰的 $\lambda_{ex}/\lambda_{em}=$（220～250）nm/（300～380）nm，此荧光峰对应类酪氨酸有关的蛋白。可见，微生物絮凝剂产生的两个类色氨酸和类酪氨酸峰都属于与生物源有关的蛋白，也证明了微生物絮凝剂含有蛋白质。

4. 微生物絮凝剂的氧化还原特性

采用电化学循环伏安法（CV）测定微生物絮凝剂表面基团的氧化还原性质。图 4.2-6 是微生物絮凝剂的电化学循环伏安曲线。

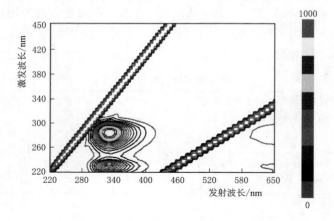

图 4.2－5　微生物絮凝剂的三维荧光光谱图

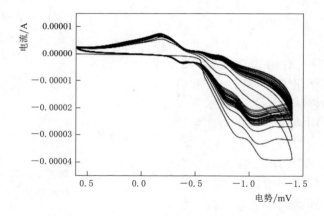

图 4.2－6　微生物絮凝剂的电化学循环伏安曲线

图 4.2－6 显示，微生物絮凝剂中加了 1.3－DNB 氧化物，循环伏安法从左至右的扫描分析表明，电压在－0.5～－1.0mV 之间出现了较强的还原峰，逆向从左至右的反向扫描表明，在此电位区间仅有很小的逆向电流峰，而在 0～－0.5mV 之间却出现了很强的氧化峰，已知 1.3－DNB 具有很强的氧化性，倾向于首先被电化学还原，因此可以推测 0～－0.5mV 的上半支所对应的强峰代表了 1.3－DNB 充当氧化剂的电还原过程，下半支代表其电氧化过程。从左至右的第一个循环扫描，在 1,3－DNB 电氧化区间并未出现强峰，因此可以推断电压在－0.5～－1.0mV 之间出现的较强的还原峰是由于微生物絮凝剂本身被电化学氧化所产生的，而且微生物絮凝剂氧化过程的峰明显高于发生还原过程的电流峰，表明微生物絮凝剂本身是充当还原剂的角色，容易被氧化，属于还原型的微生物絮凝剂。

4.2.3　磁性微生物絮凝剂的形貌结构与表征

以 *Klebsiella sp.* J_1 和 A. *tumefaciens* F_2 两种产絮菌所产生的微生物絮凝剂即蛋白型微生物絮凝剂和多糖型微生物絮凝剂分别进行实验研究，通过化学方法将制备所得微生物絮凝剂与 Fe_3O_4 纳米颗粒复合而形成磁性絮凝剂，之后再利用外部磁场的磁性作用进行分离，即使用外部手持磁场来实现磁性微生物絮凝剂快速从水中进行分离，根据合适的比例将微生物絮凝剂与 Fe_3O_4 纳米颗粒进行交联，从而制备出吸附效能最为优良的磁性絮凝剂，并对其从形貌结构、扫描电镜、EDS、FTIR 等表征手段进行研究，以确认磁性絮凝剂交联情况，将制备的磁性微生物絮凝剂与普通微生物絮凝剂及磁粉进行比较、分析。

4.2.3.1　蛋白型磁性微生物絮凝剂的形貌结构特征与表征

1. 蛋白型磁性微生物絮凝剂的形貌结构特征

使用实验室保存菌种 J_1 进行生物培养，经过种子液、发酵液以及干粉制备三个过程来制备微生物絮凝剂，在 Fe_3O_4 纳米颗粒与微生物絮凝剂交联过程中发现，在使用戊二醛来进行交联时，微生物絮凝剂的氨基并不能够与 Fe_3O_4 纳米颗粒进行交联，因此，需要采用共沉淀方法进行微生物絮凝剂与 Fe_3O_4 纳米颗粒的交联，实验过程中，改变 Fe_3O_4 纳米颗粒与微生物絮凝剂之间的比例实验，最终发现当 Fe_3O_4 纳米颗粒与微生物絮凝剂比例为 1：1 时，其交联效果最为明显，Fe_3O_4 纳米颗粒与微生物絮凝剂之间能够明显看到形成一种物质，对于所形成的物质进行干燥研磨后，其总体呈现出一种棕色偏黑的颜色形态，进行表征研究，使用扫描电镜观察外貌结构、使用 EDS 测定其主要元素组成、使用傅里叶红外光谱测定其所具备的官能团类型，其结果如图 4.2 - 7 所示。

(a) 絮凝剂　　　　　　　　　　　　(b) 磁性絮凝剂

图 4.2 - 7　蛋白型（J_1）絮凝剂及其磁性絮凝剂外貌形状态示意图

从图 4.2-7 可以看出，J_1 微生物絮凝剂是一种白色的絮状物质，在与 Fe_3O_4 纳米颗粒 1∶1 进行冷水浴交联后，其所得物质偏黑棕色，不同于磁粉的红棕色，颜色发生变化，说明已经交联成功。

当 Fe_3O_4 纳米颗粒与 J_1 微生物絮凝剂使用比例为 1∶1 时，其所形成的物质外貌特征与磁粉具有明显不同，所形成的物质外观上较磁粉颜色更深，呈黑棕色，使用扫描电镜可以观察到其外貌结构，特征结果如图 4.2-8 所示。

（a）　　　　　　　　　　　　　　　（b）

图 4.2-8　蛋白型（J_1）磁性絮凝剂的形貌观察

可以看出，J_1 磁性微生物絮凝剂大量的颗粒团聚集到了一起，根据标尺的估算，其颗粒粒径可以达到 100nm 左右，在该尺度之中，并不能够明清晰地观测到其表面的多孔结构。

2. 蛋白型磁性微生物絮凝剂的结构表征[52]

将制备的蛋白型（J_1）磁性絮凝剂与多糖型（F_2）磁性絮凝剂干燥粉末分别置于样品台上，进行喷金，喷金后对于样品进行扫描电镜观察形貌；将制备的蛋白型（J_1）微生物絮凝剂、多糖型（F_2）微生物絮凝剂、蛋白型（J_1）磁性絮凝剂、多糖型（F_2）微生物絮凝剂干燥粉末，在干燥条件下与适量纯 KBr 充分研磨使得粉末混合均匀，之后使用油压机，将所研磨的粉末压成样本薄片，使用傅里叶红外光谱扫描仪来对所得样品依次扫描，绘制出红外光谱的吸收峰曲线，实验操作中温度设置为 25℃，波长范围 4000～400cm^{-1}。

将 Fe_3O_4 纳米颗粒与 J_1 微生物絮凝剂比例为 1∶1 所制备出的磁性絮凝剂进行 EDS 分析，可以观察到其结构上的主要元素组成，结果如图 4.2-9 所示，在磁性絮凝剂的表面结构中，其主要元素包含了 Fe、O、C，说明 Fe_3O_4 纳米颗粒已经与 J_1 微生物絮凝剂成功地发生了交联，所得到的黑棕色物质为磁性微生物絮凝剂。

4.2.3.2　多糖型磁性微生物絮凝剂的形貌结构特征与表征

1. 多糖型磁性微生物絮凝剂的形貌结构特征

使用实验室保存菌种 F_2 进行实验培养，经过种子液、发酵液以及干粉的制备三个过程制备 F₂ 微生物絮凝剂，在 Fe_3O_4 纳米颗粒与微生物絮凝剂交联过程中发现，采用共沉淀方法进行微生物絮凝剂与 Fe_3O_4 纳米颗粒的交联，实验过程中，变化不同 Fe_3O_4 纳米颗粒与微生物絮凝剂之间的比例，发现当 Fe_3O_4 纳米颗粒与微生物絮凝剂比例为 2：1 时，其交联效果最为明显，Fe_3O_4 纳米颗粒与微生物絮凝剂之间能够明显看到形成一种物质，对于所形成的物质进行干燥研磨后，其呈现出一种棕色偏黄的颜色形态，进行表征研究，使用扫描电镜观察其外貌结构、使用 EDS，测定其主要元素组成、使用傅里叶红外光谱测定其所具备的官能团类型，其结果如图 4.2－10 所示。

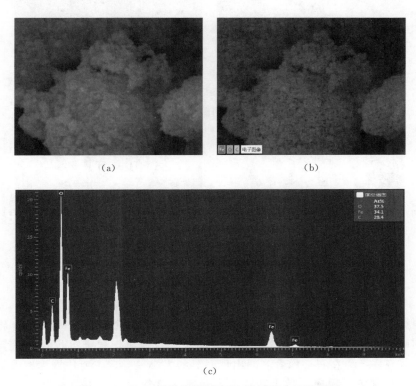

（a）　　　　　　　　　　　（b）

（c）

图 4.2－9　J_1 磁性絮凝剂 EDS 及元素占比示意图

　　图 4.2－10 显示，多糖型（F₂）微生物絮凝剂是一种白色絮状物质，在与 Fe_3O_4 纳米颗粒 2：1 进行冷水浴交联后，其所得物质偏黄棕色，不同于磁粉的红棕色，颜色发生变化，说明交联完成。

　　当所用 Fe_3O_4 纳米颗粒与 F₂ 微生物絮凝剂比例为 2：1 时，其所形成的物质外貌特征与磁粉具有明显不同，所形成的物质外观上较磁粉来说，颜色更深，呈黄棕色，使用扫描电镜观察其形貌特征结果如图 4.2－11 所示。

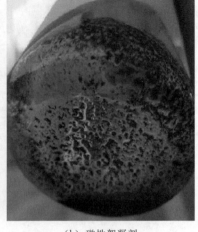

（a）絮凝剂　　　　　　　　　（b）磁性絮凝剂

图 4.2-10　多糖型（F_2）絮凝剂及其磁性絮凝剂外貌形状态示意图

（a）　　　　　　　　　　　　（b）

图 4.2-11　多糖型（F_2）磁性絮凝剂的形貌观察

根据观察可以看到，F_2 磁性絮凝剂表面呈现出一种多孔形状，与 J_1 磁性絮凝剂的电镜图片相比，F_2 磁性絮凝剂的团聚颗粒略小，根据标尺进行估算，其颗粒直径在 50nm 左右，两者之间出现明显的大小差异，主要原因为絮凝剂的种类不同，在制备过程中，微生物絮凝剂包裹在磁粉表面，发生交联，并没有分散，与之前研究对比，形态相似，综上所述，在该比例条件下，磁性絮凝剂已经交联成功。

2. 多糖型磁性微生物絮凝剂的结构表征

将 Fe_3O_4 纳米颗粒与 F_2 絮凝剂比例为 2：1 所制备出的磁性絮凝剂进行 EDS 分析，可以观察到其结构上的主要元素组成，结果如图 4.2-12 所示，在磁性絮凝剂的表面结构中，其主要元素包含了 Fe、O、C，说明 Fe_3O_4 纳米颗粒已经与 F_2 絮凝剂成功地发生了交联，所得到的黄棕色物质为磁性微生物絮凝剂。

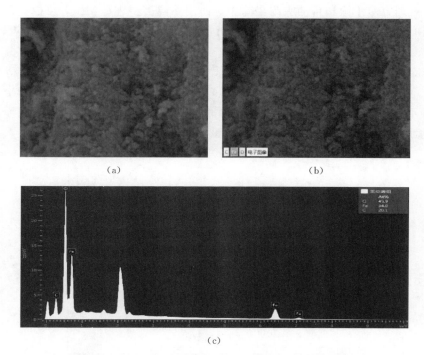

图 4.2 - 12　F_2 磁性絮凝剂 EDS 及元素占比示意图

4.2.3.3　磁性微生物絮凝剂官能团分析

1. 普通微生物絮凝剂与磁絮官能团对比分析

为了获得所制备磁性絮凝剂所含有的官能团种类，并对其进行分析，使用 FTIR（傅里叶红外光谱）进行检测，取实验室试验制备出的磁粉、微生物絮凝剂、磁性絮凝剂的干燥粉末，分别在干燥的条件下与适量纯 KBr 进行充分混合使粉末均匀，使用油压机，压成样本薄片，使用傅里叶红外光谱扫描仪对样品依次进行扫描，绘制红外光谱吸收峰曲线。检测两种微生物絮凝剂官能团差异，并检测两种不同微生物絮凝剂在加入 Fe_3O_4 纳米颗粒后其官能团有无发生变化，结果由图 4.2 - 13 所示。

图 4.2 - 13 显示，普通微生物絮凝剂与磁性絮凝剂之间最明显的差别在于，磁性絮凝剂中含有 Fe—O 基团，说明：在制备磁性絮凝剂时，Fe_3O_4 纳米颗粒已经被成功与微生物絮凝剂进行交联，磁性絮凝剂可以被磁铁进行分离。

2. 两种不同磁性微生物絮凝剂的官能团对比分析

由图 4.2 - 14 可知，J_1 磁性絮凝剂与 F_2 磁性絮凝剂官能团有所不同，这是由于两种微生物絮凝剂种类不同，J_1 为蛋白型微生物絮凝剂，F_2 为多糖型微生物絮凝剂。在研究对于微塑料的吸附去除中，使用不同类型进行实验，可以更准确地选择出有利吸附剂。根据以上官能团分析，磁性絮凝剂在 934.28cm^{-1}（—CH$_3$ 反对称伸缩的碳氢键伸缩振动）、1658.56cm^{-2}（羧基中 C＝O 键伸缩振动）、1529.22cm^{-1}（氨基基团的 N—H 键和 C—N 单键）、1056.20cm^{-1}（糖衍生物 C—O—C 键伸缩振动和 C—O 键的变形）处。综上所述，实验所合成的磁性絮凝剂中不仅具有磁粉的 Fe—O 基团还同时具有微生物絮凝剂的基团，因而证明使用此制备方法时已成功交联制备得到磁性微生物絮凝剂。

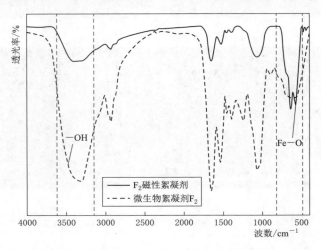

图 4.2 - 13　微生物絮凝剂 F$_2$ 与 F$_2$ 磁性絮凝剂的红外对比[52]

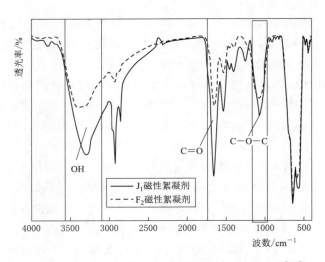

图 4.2 - 14　两种磁性微生物絮凝剂的红外对比图[52]

4.2.3.4　磁性微生物絮凝剂的吸附效能分析

1. 磁性材料与磁性微生物絮凝剂去除桉树林区水体致黑物质效能对比

磁性材料在桉树林区水库水源地致黑物质的去除上具有一定作用。因此，使用磁性 Fe_3O_4 对富含黑色溶解性有机碳、单宁酸与金属离子结合形成的黑色络合物等 NOM 的桉树林区水库水源地水样进行投加实验，结果显示，其去除桉树林区水库水源地致黑物质时具有一定作用，但效果并不是很突出，之后采用本身具有吸附作用的微生物絮凝剂与磁性材料进行交联，使用交联好的磁性微生物絮凝剂对桉树林区水库水源地水样中致黑物质吸附去除实验。以多糖型（F_2）磁性微生物絮凝剂为例，将磁粉和磁性微生物絮凝剂两种吸附材料分别加入至桉树林区水库水源地致黑物质浓度为（15.0±5.0）$\mu g/L$ 的 20mL 水样中进行反应，经过两种材料的吸附去除实验，结果显示如图 4.2-15 所示。在前 3 天，普通吸附材料磁粉对于水体致黑物质的吸附并没有发生变化，而磁性微生物絮凝剂在加入水体后能够立刻对于水体中致黑物质进行吸附去除，且吸附效果较为明显。3 天之后，磁粉的吸附效果逐渐显现出来，最高值可以超过 50%，而磁性微生物絮凝剂在第 4 天开始则可以将水体中致黑物质几乎全部吸附去除，吸附率可以达到 90%～95%并且稳定延续。普通磁粉在前磁性材料在吸附水体中的致黑物质时，具有一定效能，但去除效果并不突出，将磁粉与所合成的磁性微生物絮凝剂进行对比，在吸附去除水体中桉树林区水库水源地致黑物质方向，磁性微生物絮凝剂所展现出的吸附能力更强，去除率更高。这说明，在水体中致黑物质的去除问题方向，研究使用磁性微生物絮凝剂更具有实际意义。

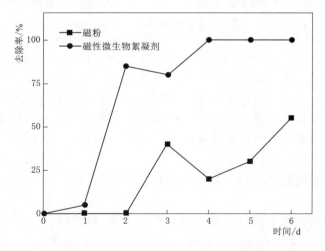

图 4.2-15　磁性微生物絮凝剂与磁粉吸附水体致黑物质效果对比图

2. 普通微生物絮凝剂与磁性微生物絮凝剂去除桉树林区水体致黑物质效能对比

在使用普通微生物絮凝剂来对桉树林区水体致黑物质进行去除时，其吸附效果如图 4.2 - 16 所示：无论是蛋白型（J_1）微生物絮凝剂，还是多糖型（F_2）微生物絮凝剂，在吸附水体致黑物质时，都能看到致黑颗粒发生聚集现象，但由于致黑颗粒密度问题，即使加入助凝剂，致黑胶体也只能聚集成团漂浮在水体中，不发生沉降现象，不能从水体中分离出来。因此，磁性微生物絮凝剂与普通微生物絮凝剂相比，在将桉树林区水库水源地水体中的致黑物质分离出来方面具有一定优势，使用磁性微生物絮凝剂在应用上更具有实际意义。

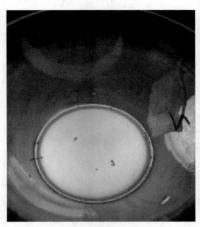 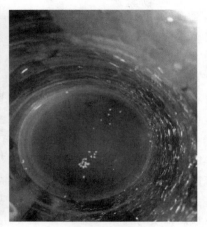

（a）J_1 微生物絮凝剂 （b）F_2 微生物絮凝剂

图 4.2 - 16　普通微生物絮凝剂吸附水体致黑物质效果图

总体上，使用普通微生物絮凝剂时，虽能够形成絮凝作用，但是由于桉树林区水库水源地水体致黑胶体颗粒本身密度较低，且本身的疏水性，其不能够发生沉降而产生分离。向微生物絮凝剂中加入磁性颗粒后，便可以很好地解决这一弊端，由于加入磁粉交联后，磁性微生物絮凝剂带有了磁性作用，因此使用外部手持磁场即可以将其吸附分离去除下来，具有实际意义。

4.3　微生物絮凝剂对致黑物质的去除机制

前几章的研究成果表明，微生物絮凝剂作为一种绿色环保的净水剂，在去除 NOM、PPCPs、库区水体致黑物质方面有着显著优越性。但是即使对一个确定的体系而言，它的絮凝反应仍是一个复杂的理化过程，其絮凝模式也难以用单一性状参数来阐述。因此，解析微生物絮凝剂的作用机制，需遵循直接测定与间接推导相印证的原则。传统的絮凝机理包括"压缩双电层""吸附电中和""吸附架桥"和"网捕卷扫"等机理。而微生物絮凝剂作为生物大分子物质，在具有带电性和高分子量的基础上，含有更多的活性官能基团。因此，在传统絮凝机理基础上，微生物絮凝剂针对污染物的去除机制更为复杂。

为了解析微生物絮凝剂去除致黑物质的机制，本实验从传统絮凝机理和活性基团作用机制两个角度入手，通过絮凝形态学、带电性、吸附解吸附作用、活性基团的变化、致黑物质转变、吸附动力学和热力学等多个角度，来探讨生物大分子的特有机制。

4.3.1 微生物絮凝剂对致黑物质的絮凝行为分析

由于微生物絮凝剂絮凝机制的复杂性，目前在探讨其作用机制的研究方面，引入了絮凝形态学，通过分析絮凝过程中各因素变化带来的絮体形态特征的改变来研究其絮凝规律。

4.3.1.1 絮体的形成破碎恢复情况

在微生物絮凝剂引起的絮凝过程中，胶体颗粒被其吸附形成微絮体，随着时间和剪切力的变化，絮体粒径先增大再稳定最后达到动态平衡。而絮体粒径的大小以及对剪切力的抗性，直接影响其絮凝效果。为考察微生物絮凝剂的絮体粒径对抗剪切力的能力，采用 Malvern MS2000 实时监测不同搅拌转速对微生物絮凝剂的絮体生长变化的影响，结果见图 4.3-1。

从图 4.3-1 可以看到，在快搅阶段（搅拌速度为 160r/min），10s 之内絮体开始形成 [图 4.3-30 (a)]，随着快搅阶段的进行，絮体逐渐增多，粒径逐渐变大，呈白色大颗粒状，此时污水的浊度略微下降 [图 4.3-1 (b)、4.3-1 (c)]。随着絮凝过程进入慢搅阶段（搅拌速度为 40r/min），絮体粒径达到最大并进入稳定阶段，呈白色片状，絮体的生长与破碎达到平衡，污水的浊度较为显著地下降 [图 4.3-1 (d)]。此时，分别增大搅拌速度至 200r/min、300r/min、400r/min、500r/min，各保持 2min，测得絮体粒径几乎保持不变。随后，搅拌速度恢复至慢搅阶段，絮体逐渐下沉，絮凝率显著提高 [图 4.3-1 (e)]。最后，搅拌完全停止，絮体静沉，絮凝率达到最高 [图 4.3-1 (f)]。

图 4.3-2 显示，0～2min 内为絮体形成并逐渐增大阶段，此时搅拌速度为 160r/min。2～5min 内，絮体粒径达到最大 1239μm 且逐渐稳定，此时搅拌速度为 40r/min。5～7min 内，搅拌速度为 200r/min，絮体破碎不明显，絮体粒径平均值为 1211μm。7～9min 内，搅拌速度为 300r/min，絮体破碎依然不明显，絮体粒径略有下降，平均值为 1206μm。9～11min 内，搅拌速度为 400r/min，絮体

（a）快搅 10s 内的絮体形态

（b）快搅 30s 内的絮体形态

（c）快搅 2min 内的絮体形态

（d）慢搅前 3min 内的絮体形态

（e）慢搅后 1min 内的絮体形态

（f）静沉状态下的絮体形态

图 4.3 - 1　絮凝过程中絮体的形成变化图片

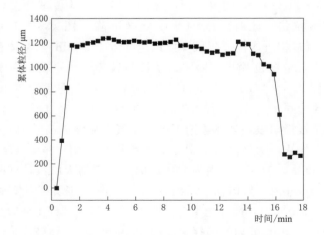

图 4.3 - 2　絮体形成—破碎—再生的变化曲线

出现微小破碎，有部分片状白色絮体变成丝状白色絮体，此时絮体粒径有所下降，平均值为 $1165\mu m$。$11\sim13min$ 内，搅拌速度为 $500r/min$，絮体少部分破碎，丝状白色絮体略有增加，絮体粒径继续下降，平均值为 $1118\mu m$。$13\sim14min$ 内，絮凝过程恢复慢搅阶段，即搅拌速度为 $40r/min$，此时絮体粒径最大为 $1209\mu m$。$14\sim18min$ 内，停止搅拌进入静沉阶段，此时絮体快速下沉，$2min$ 后絮体粒径减小到 $277\mu m$，为一些漂浮的细小丝状絮体。在整个絮体破碎过程中，即使搅拌速度增大到 $500r/min$，絮体依然保持较高的粒径，并随着剪切力的减小迅速恢复。由此可见，微生物絮凝剂的絮体粒径对剪切力有良好的抗性和稳定性，并且能够在短时间内迅速凝聚下沉，这对污染物的去除有着重大意义。相关研究也曾报道，吸附架桥作用下生成的絮体比单纯的电中和或卷扫网捕作用下生成的絮体的抗剪切能力更强。由此推测，微生物絮凝剂发挥絮凝功能主要是由于吸附架桥作用[28]。

4.3.1.2　不同絮凝剂投加量对絮体形成过程的影响

前期实验结果表明，影响微生物絮凝剂去除致黑物质的各因素为 pH 值、絮凝剂投加量、助凝剂投加量、作用时间和温度。其中 pH 值和絮凝剂投加量的影响最为显著。本实验通过絮凝形态学进一步解释这两个因素对致黑物质去除率的影响是如何形成的，进而为阐释其去除机制奠定基础。

向水量为 1L、浓度为 $1mg/L$ 的致黑物质中分别加入 2mL、4mL、7mL 和10mL 的微生物絮凝剂和 0.1mL 助凝剂 $CaCl_2$，调节 pH 至 7.5，采用 Malvern MS 2000 实时监测不同微生物絮凝剂投加量在处理致黑物质的过程中絮体的生长变化情况，并计算其絮体生长速度，结果见图 4.3−3 和图 4.3−4。

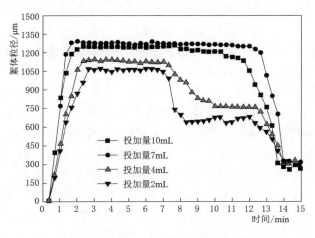

图 4.3−3　投加量对絮体形成过程的影响

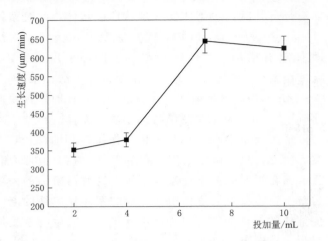

图 4.3-4　絮凝剂投加量对絮体生长速度的影响

图 4.3-3 和图 4.3-4 显示，0～2min 内为快搅阶段，搅拌速度为 160r/min。在此阶段，不同投加量对絮体粒径的影响主要为絮体粒径形成的速率。从高到低依次为投加量 7mL、投加量 10mL、投加量 4mL、投加量 2mL。2～12min 内为慢搅阶段，搅拌速度为 40r/min。在此阶段，不同投加量对絮体粒径的影响为两方面：一方面是絮体粒径形成的大小；另一方面是最大絮体粒径稳定期的长短。当微生物絮凝剂的投加量为 7mL 时，絮体粒径最大为 $1288\mu m$；当投加量为 4mL 时絮体粒径减小，其最大粒径为 $1141\mu m$；当投加量为 2mL 时，絮体粒径最小，仅为 $1064\mu m$。最大絮体粒径稳定期的长短从高到低依次为投加量 7mL（10min）、投加量 10mL（9min）、投加量 4mL（5min）、投加量 2mL（4.5min）。12～15min 内为静沉阶段，搅拌桨停止工作。在此阶段，不同投加量对絮体粒径的影响主要为其静沉速率。由快到慢依次为投加量 7mL、投加量 10mL、投加量 4mL、投加量 2mL。

可见，低投加量下絮体生长较慢，到达稳定阶段所需时间较长，且稳定期维持时间较短，静沉速度缓慢，不利于致黑物质的去除。这是由于过低的投加量使微生物絮凝剂颗粒表面的吸附位点不足以供给被吸附物质，碰撞几率降低，所以絮体形成相对缓慢。而又因为形成的絮体量少，其有效凝聚量降低，所以在动态平衡期，絮体粒径较小。而进入沉降期，由于絮体粒径小导致絮体比重低，因此沉降速度也相对缓慢。而高投加量下絮体生长速度及粒径均较大。但是过高的絮凝剂投加量，动态平衡期较短，即絮体粒径维持最大状态的时间较短。这也印证了絮凝剂投加量过大会带来"返混"现象。这是由于过量的絮凝剂有大量剩余吸附位点，带来了大量相同电荷，加大了静电斥力。同时，高分子链很难充分伸展，减少了有效吸附位点的同时还增大了分散斥力。有研究证明在微生物絮凝剂与 PAC 复配混凝处理高岭土模拟水样的研究中也发现了类似现象，即在一定范围内加大微生物絮凝剂的投加量可增大絮体粒径，这主要归因于其吸附架桥作用。因此，微生物絮凝剂能够产生大片的絮体主要归因于吸附架桥作用[28]。

4.3.1.3　不同 pH 值对絮体形成过程的影响

向水量为 1L，浓度为 1mg/L 的致黑物质中，加入 7mL 微生物絮凝剂，0.1mL 助凝剂 CaCl$_2$，调节 pH 至 4.5、6、7.5、9、11，采用 Malvern MS 2000 实时监测不同 pH 下，微生物絮凝剂处理致黑物质的过程中絮体的生长变化情况，并计算其絮体生长速度，结果见图 4.3-5 和图 4.3-6。

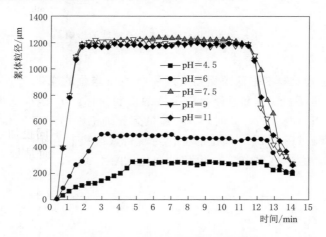

图 4.3-5　pH 对絮体形成过程的影响

图 4.3-5 和图 4.3-6 显示，不同 pH 条件下生成的絮体，随着混凝过程的进行均呈现出相同的变化趋势。低 pH 下絮体形成过程较慢，稳定阶段粒径相对较小，且当 pH=4.5 时没有明显沉降出现。当 pH 大于 7.5 时，絮体生长明显加快并且随 pH 变化幅度不大，絮体沉降速度均较快。中性偏碱条件絮体粒径形成的速率高于强碱下絮体粒径形成的速率，酸性条件下絮体粒径形成速率非常缓慢。这是由于在中性偏碱环境下，微生物絮凝剂与致黑物质脱稳胶体颗粒的表面电荷密度降低，二者之间的斥力减弱，有助于絮体凝聚增长，同时致黑物质具有较强的疏水性和较低的溶解度，可相对容易地被大量存在的高电荷多核络合物吸附，进而发生共沉淀，故絮体粒径快速增大，而这主要归功于微生物絮凝剂长链的吸附架桥作用。而在酸性或强碱性环境下，致黑物质水解程度较低，其胶体颗粒脱稳困难，因此絮体粒径增长缓慢。

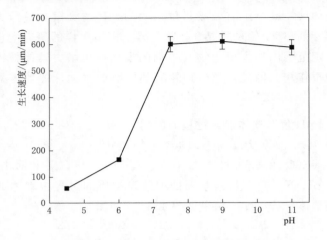

图 4.3 - 6　pH 对絮体生长速度的影响

4.3.1.4　微生物絮凝剂去除致黑物质过程中 Zeta 电位的变化

　　Zeta 电位是反映胶体和悬浮物稳定性的重要指标，可用 Zeta 电位来度量颗粒之间相互作用力的强弱。同时，在传统的絮凝理论中均涉及 Zeta 电位的变化。因此，监测絮凝过程中 Zeta 电位的变化对解析絮凝机制有很大作用。微生物絮凝剂对致黑物质去除过程中 Zeta 电位的变化见图 4.3 - 7。

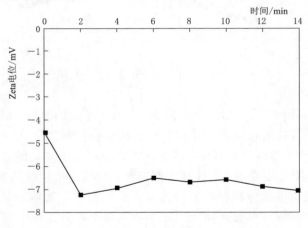

图 4.3 - 7　絮体形成过程中 zeta 电位的变化

　　由图 4.3 - 7 可以看出，反应最初阶段即为快搅阶段 Zeta 电位迅速下降，由 -4.55mV 下降至 -7.24mV。此时，微生物絮凝剂与致黑物质胶体粒子迅速凝聚，絮体形成。反应进入后期的慢搅阶段和静沉阶段后，反应液的 Zeta 电位稳定维持在−7mV左右。此时，絮体处于凝聚和分散的动态平衡中。可见，整个反应过程迅速，在短时间内达到稳定状态。

由反应过程中Zeta电位的变化趋势可知，随着絮凝反应进行，Zeta电位的绝对值表现出升高再稳定的趋势。说明在整个絮凝过程中，几乎不发生电中和反应。结合上述絮体粒径变化的结果，可以排除"电中和"原理。微生物絮凝剂与致黑物质胶粒带有同号电荷，但是却有良好的凝聚效果。而"压缩双电层"原理只能阐释有Zeta电位降低的电解质对胶粒脱稳的作用，不能解释微生物絮凝剂与致黑物质之间的这一现象，但是"吸附架桥"原理却可以很好地解释这一现象，因此也可以排除"压缩双电层"原理。

前期实验结果还表明，微生物絮凝剂表面为排列有序的多孔结构，这使得它具有较大的比表面积和良好的吸附能力。所以吸附架桥和网捕卷扫在微生物絮凝剂去除致黑物质的作用机制中起主导作用。

4.3.2　微生物絮凝剂对致黑物质吸附作用类型的分析

上述实验结果推测，微生物絮凝剂对致黑物质的去除主要是吸附架桥原理和网捕卷扫原理起作用。在吸附架桥过程中，通过各种物理化学作用（范德华引力、静电引力、氢键、配位键等），使聚合物与胶粒表面相互吸附[28]。

因此，本研究通过解吸附实验，破坏絮体内的作用力，来探讨微生物絮凝剂与致黑物质之间的吸附作用为物理吸附还是化学吸附，又或者是两者共同作用。

4.3.2.1　致黑物质解吸附的效果

解吸附剂的选择，不仅要考虑解吸附剂的性质，还要考虑被吸附物质的性质。本实验选择常规解吸附剂丙酮和致黑物质的良好溶剂甲醇、乙酸乙酯作为解吸附剂，考察其对致黑物质的解吸附效果，进而判断致黑物质与微生物絮凝剂结合的紧密程度及分子间相互作用力的类型。

1.丙酮解吸附致黑物质的效果

选择常规解吸附剂丙酮对致黑物质解吸附，浓度范围为20%～100%（体积百分数），解吸附效果如图4.3−8所示。

从图4.3−8的液相结果可以看出丙酮对于致黑物质没有解吸附效果。

2.甲醇解吸附致黑物质的效果

因致黑物质在甲醇溶液中具有良好的溶解性，所以选择甲醇作为解吸附剂。理论上不同的解吸附剂浓度和不同的解吸附时间对解吸附含量有一定的影响。所以分别进行不同反应时间和解吸附剂浓度的实验。按照2.2.7.5实验方法，利用浓度为30%、40%、50%、60%、70%、80%、90%（体积百分数）的甲醇解吸附致黑物质，分别反应 1h、2h、4h、6h、12h、24h，测定致黑物质的解吸附率，结果见图 4.3-9 和图 4.3-10。

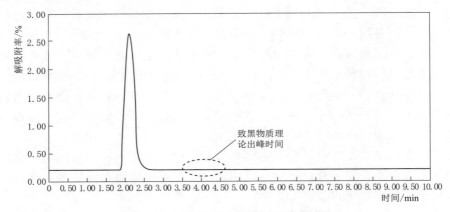

图 4.3-8　丙酮解吸附液相色谱检测图

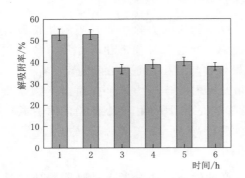

图 4.3-9　解吸附时间对致黑物质
解吸附效果的影响

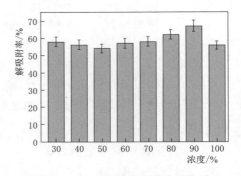

图 4.3-10　甲醇浓度对致黑物质
解吸附效果的影响

由图 4.3-9 和图 4.3-10 可知，甲醇对致黑物质有明显的解吸附效果并且解吸附速度较快，2h 后解吸附率开始下降，3h 后随着解吸附时间的增长解吸附率进入稳定状态，在 1h 左右时解吸附率达到最大值。当甲醇的浓度为 90% 时，甲醇对致黑物质的解吸附率为 62%。

3. 乙酸乙酯解吸附致黑物质的效果

致黑物质在乙酸乙酯溶液中的溶解度很高，医学上经常用乙酸乙酯进行浓缩以便进一步测定，所以在解吸附过程中乙酸乙酯可以与微生物絮凝剂争夺致黑物质，形成竞争关系。同甲醇的解吸附实验相同，分别进行不同反应时间和解吸附剂浓度的实验，测定致黑物质的解吸附率，结果见图 4.3-11 和图 4.3-12。

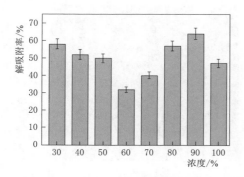

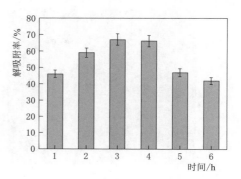

图 4.3-11　乙酸乙酯浓度对致黑物质
解吸附效果的影响

图 4.3-12　时间对致黑物质
解吸附效果的影响

图 4.3-11 和图 4.3-12 可知，随着乙酸乙酯浓度的增加，解吸附率出现了下降的趋势，在解吸附液浓度为 60% 时达到最低值，随浓度的进一步升高，乙酸乙酯对致黑物质的解吸附率又逐渐升高。整体比较，在乙酸乙酯浓度为 90% 时，对致黑物质的解吸附效果最佳。而最佳解吸附时间为 3h，此时的解吸附率为 67%。对比三种解吸附剂，乙酸乙酯对致黑物质的解吸附率最高，甲醇次之，丙酮无效。乙酸乙酯对致黑物质的解吸附率只比甲醇高 5%，但其解吸附时间较长为 3h，并且乙酸乙酯极易挥发。因此选择甲醇对致黑物质进行解吸附，其解吸附率为 62%。

4.3.2.2　微生物絮凝剂吸附、解吸附致黑物质前后的形态变化

利用扫描电镜观察微生物絮凝剂吸附致黑物质前后、解吸附后形态变化，见图 4.3-13。

由图 4.3-13 可知，微生物絮凝剂吸附致黑物质后，表面的大部分多孔结构被紧密填充，形成致密的平面状，且表面有若干细小颗粒和絮状体附着。解吸附后，可以看到絮体沉淀表面又出现了蜂窝状的多孔结构，与吸附致黑物质前的微生物絮凝剂的结构较为相似。此外，尚存在密实的平面结构。这也证明了微生物絮凝剂对部分致黑物质的吸附是可逆的。

4.3.2.3　致黑物质在吸附和解吸附过程中的转移情况

为对微生物絮凝剂与致黑物质的相互作用进行定量分析，通过吸附、解吸附、解吸附后沉淀再破碎，对致黑物质的转移进行定量化，以此判断微生物絮凝剂对致黑物质吸附作用的类型。

向 1mg/L 的致黑物质配水中，加入微生物絮凝剂，进行吸附实验。在反应后利用高速离心机进行固液分离，取上清液测定，计算出致黑物质吸附量。利用

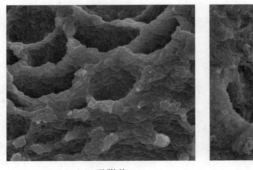

（a）吸附前   （b）吸附后

（c）解吸附后

图 4.3－13   微生物絮凝剂吸附致黑物质前后及
解吸附后形态的变化

甲醇对沉淀进行解吸附，反应完成后再次进行固液分离，测定解吸附液中致黑物质的解吸附量。同时对沉淀反复进行超声破碎，最后测定致黑物质的沉淀释放量，结果见图 4.3－14。

由图 4.3－14 可知，微生物絮凝剂对 1mg 致黑物质的吸附量为 0.86mg。其中有 0.56mg（65.12％）致黑物质被甲醇解吸附。通过对絮体沉淀的破碎，又释放出 0.23mg（26.74％）致黑物质。还有 0.07mg（8.14％）未知物质。由此可见，微生物絮凝剂对致黑物质的吸附部分可逆。65.12％的被解吸附的致黑物质从絮体沉淀中转移到甲醇相中，这是根据相似相溶原理，致黑物质易于溶解到甲醇中。有以下几个因素影响致黑物质在甲醇中的溶解性：一是两者间有配位键和氢键等的短程作用；二是弱极性溶剂和溶质之间的色散力。由此推断，被解吸附的致黑物质可能是由于甲醇破坏了其与微生物絮凝剂之间的氢键、色散力或者是配位键。而氢键和色散力起作用的吸附属于物理吸附，配位键起作用的吸附为化学吸附。而对絮体沉淀的破碎是由超声破碎法来实现的。超声破碎会使絮体沉淀中的偶极分子在高频微波能的作用下，在短时间内产生大量的热,从而导致氢键破裂。氢键的破坏一方面会直接影响致黑物质与微生物絮凝剂的结合,另一方面会导致微生物絮凝剂的主要活性物质蛋白质的变性,进而影响到致黑物质与微生物絮凝剂的结合。由此推测这20%以上的吸附是以氢键的形式发生的。剩余不到10%的未知物质可能是实验误差导致的,也可能是由于化学吸附导致的致黑物质的变性变构。

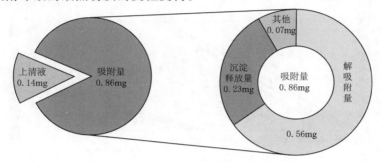

图 4.3-14 致黑物质的吸附和解吸附量

4.3.2.4 微生物絮凝剂吸附致黑物质前后物质的变化

上述结果显示解吸附实验后,尚有8.14%的致黑物质结合在微生物絮凝剂的絮体沉淀中。这部分致黑物质可能由于解吸附力度不够,未被解吸附下来,还有可能是与微生物絮凝剂发生了化学反应,引起了物质的变化,而未被高效液相色谱仪检测到。若致黑物质与微生物絮凝剂发生了化学反应,其主体分子随微生物絮凝剂形成絮体进入沉淀,还会产生一些反应物存在于上清液中。为了考察是否有部分致黑物质与微生物絮凝剂的官能团发生化学反应,利用三维荧光光谱技术对致黑物质配水、吸附后上清液和沉淀进行检测,结果见图4.3-15。

图 4.3-15 显示,致黑物质水溶液仅在 $\lambda_{ex}/\lambda_{em}$ =(310~320)nm/(395~405)nm 处有一个吸收峰。该峰值归属于 Class Ⅰ(类腐殖酸区),这是由典型的外源有机物引发的。由于致黑物质水溶液中只有致黑物质和蒸馏水两种物质,所以该吸收峰为外源有机物致黑物质。吸附后沉淀的三维荧光光谱图显示出两个高浓度的吸收峰,$\lambda_{ex}/\lambda_{em}$ =(270~280)nm/(325~335)nm 和 $\lambda_{ex}/\lambda_{em}$ =(225~235)nm/(325~335)nm,这是微生物絮凝剂的主要活性成分蛋白质的特征峰。在该光谱图中未发现致黑物质的特征峰,这是由于致黑物质通过各分子间作用力已吸附在微生物絮凝剂上,非游离分子状态,不易被检出。而在吸附后上清液的光谱图上可以看到明显的三个吸收峰,$\lambda_{ex}/\lambda_{em}$ =(310~320)nm/(395~405)nm 处为致黑物质的特征峰,$\lambda_{ex}/\lambda_{em}$ =(225~235)nm/(325~335)nm 处为与生物源有关的酪氨酸和苯环结构类蛋白,其代表了少量的微生物絮凝剂的活性成分或其

衍生物。而在 $\lambda_{ex}/\lambda_{em} = (250 \sim 280)$ nm/$(325 \sim 335)$ nm 处的与类色氨酸有关的蛋白特征峰消失。在 $\lambda_{ex}/\lambda_{em} = (250 \sim 270)$ nm/$(410 \sim 420)$ nm 处出现了类富里酸特征峰。此峰为微生物絮凝剂与致黑物质反应后新出现的特征峰，这一结论证明了微生物絮凝剂与致黑物质之间可能有化学吸附发生，该吸附发生在微生物絮凝剂的类色氨酸区。

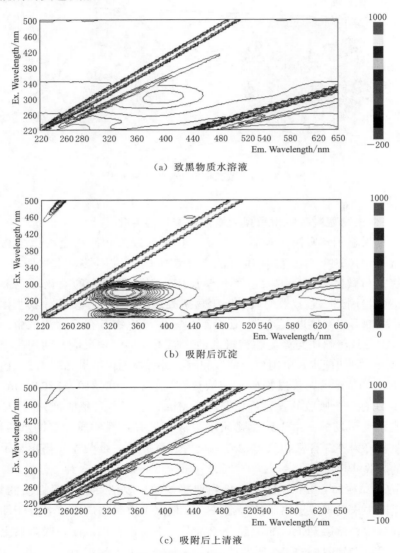

（a）致黑物质水溶液

（b）吸附后沉淀

（c）吸附后上清液

图 4.3 - 15　微生物絮凝剂去除致黑物质过程中各组分的

三维荧光光谱图

4.3.2.5　微生物絮凝剂吸附致黑物质前后官能团的变化

上述研究结果表明，微生物絮凝剂对致黑物质的去除除了物理吸附，还可能伴有化学吸附的发生。有研究指出，化学吸附作用表现在红外光谱上会有原峰的消失或新峰的出现，而物理吸附的红外光谱图没有明显变化，只伴有峰的位移发生。为了进一步验证该结论，对微生物絮凝剂吸附致黑物质前后进行红外光谱扫描，结果见图 4.3-16。

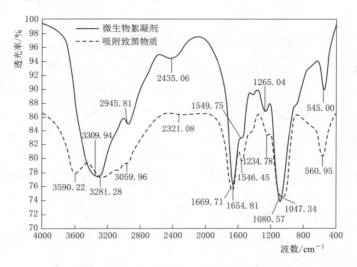

图 4.3-16　微生物絮凝剂吸附致黑物质前后的红外光谱图

图 4.3-16 显示，与微生物絮凝剂的红外光谱图相比，吸附致黑物质后的絮体沉淀的红外光谱图有一个新峰的出现，同时伴有多峰的位移。

新峰出现在 3590.22cm^{-1} 处，该位置为羟基对应的特征峰。在 3309.94cm^{-1} 处由缔合—OH 基伸缩振动所致的吸收峰向 3291.88cm^{-1} 方向发生红移，且峰形变宽，这证明羟基在吸附中起作用，该作用主要是通过形成氢键来实现的。2435.06cm^{-1} 处氨基振动所引起的吸收峰向 2321.08cm^{-1} 方向发生红移，且强度显著减弱。1654.45cm^{-1} 处的一狭长吸收峰是羧基的特征峰，微生物絮凝剂与致黑物质反应后，该峰向 1669.71cm^{-1} 方向发生蓝移，证明羧基参与了吸附反应。1549.75cm^{-1} 处由酰胺键弯曲振动所引起的吸收峰向 1546.45cm^{-1} 方向发生红移，该峰的变化证明了微生物絮凝剂的主要成分蛋白质的活性基团氨基参与了吸附反应。1080.57cm^{-1} 处标准狭长的吸收峰是糖衍生物的典型吸收，包含有不同基团的 C—O 键的变形和伸缩或 C—O—C 键的伸缩振动等。微生物絮凝剂与致黑物质反应后，该峰向 1047.34cm^{-1} 方向发生红移，证明 C—O—C

键参与了吸附反应。

羟基、羧基、羰基和氨基作为絮凝过程中良好的吸附位点，在微生物絮凝剂对致黑物质的去除过程中共同发挥作用。研究表明，蛋白质分子中有一个结合位点与致黑物质通过非共价键结合，该位点处在蛋白质分子的疏水微区，其结合活性点为 0.88，结合常数为 $1.06 \times 10^4 \, M^{-1}$。由此可见，新峰的出现和原有峰的位移证实了微生物絮凝剂对致黑物质的去除过程中同时存在物理吸附和化学吸附。

4.3.3　微生物絮凝剂对致黑物质吸附过程的拟合

吸附本身的研究涉及吸附量、吸附强度和吸附平衡时间等参数，由此探寻发生过程的描述。而宏观地总括这些特性的正是吸附动力学和吸附热力学这样的基本原理，并借此判断吸附现象的本质。

4.3.3.1　吸附动力学

吸附动力学是研究吸附机制的重要组成部分，它是通过描述吸附剂对吸附质的吸附速率，来分析平衡时间对污染物吸附量的影响的，从而探讨其吸附机理。常用的动力学模型有一级动力学方程、二级动力学方程和拟一级、拟二级反应动力学方程。本实验针对微生物絮凝剂吸附致黑物质的特点，结合各反应动力学方程的适用范围，选择拟一级、拟二级反应动力学方程对实验数据进行拟合。

1. 拟一级反应动力学

一级动力学中的反应速率仅与反应物浓度的一次方成正比，而拟一级反应动力学是指反应速率与吸附剂和吸附质两种反应物的浓度相关，只是当其中一种反应物的浓度远大于另一种时，表现出一级反应的特征。方程表示为

$$\lg(q_e - q_t) = \lg(q_e) - \frac{K_1}{2.303}t \qquad (4.3-1)$$

式中：t 为吸附时间，min；q_t 为 t 时刻的单位吸附量，mg/g；q_e 为平衡时的最大单位吸附量，mg/g；K_1 为拟一级反应速率常数。对公式（4.3-1）进行整理，得到公式（4.3-2）：

$$q_t = q_e(1 - e^{-K_1 t}) \qquad (4.3-2)$$

利用公式（4.3-2）对实验数据进行拟合，结果见图 4.3-17 和表 4.3-1。

表 4.3-1　　　　　　　　　　　拟一级动力学方程的各参数

样品	平衡吸附量实测值 /(mg/g)	平衡吸附量预测值 q_e /(mg/g)	拟一级反应速率常数 K_1	R^2	残差
致黑物质	62.99	62.32	−0.22	0.98	1.40

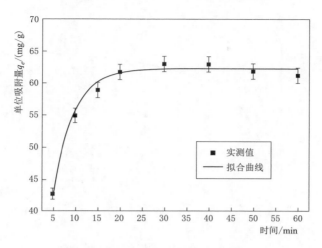

图 4.3－17　拟一级反应动力学拟合曲线

图 4.3－17 显示，该吸附反应在 20min 时便达到了吸附平衡，最大吸附量为每克微生物絮凝剂可吸附 62.32mg 致黑物质，该时间点的实际吸附值为 61.75mg/g。实测值的最大吸附量发生在 30min 时，为 62.99mg/g，与预测值基本相符。由表 4.3－1 可知，利用拟一级反应动力学拟合的微生物絮凝剂去除致黑物质的 R^2 为 0.98，证明该反应很好地符合了拟一级动力学反应。

2. 拟二级反应动力学

拟二级反应动力学方程为

$$\frac{t}{q_t} = \frac{1}{K_2 q_e^2} + \frac{t}{q_e}$$ (4.3－3)

式中：t 为吸附时间，min；q_t 为 t 时刻的单位吸附量，mg/g；q_e 为平衡时的最大单位吸附量，mg/g；K_2 为拟二级反应速率常数。

对公式（4.3－3）进行整理，得到公式（4.3－4）：

$$q_t = \frac{q_e^t}{\dfrac{1}{k_2 q_e} + t}$$ (4.3－4)

利用公式（4.3－4）对实验数据进行拟合，结果见图 4.3－18 和表 4.3－2。

表 4.3－2　　　　　　　　　拟二级反应动力学方程的参数

样品	平衡吸附量实测值 /（mg/g）	平衡吸附量预测值 q_e /（mg/g）	拟二级反应速率常数 K_1	R^2	残差
致黑物质	62.99	66.89	0.0062	0.91	4.98

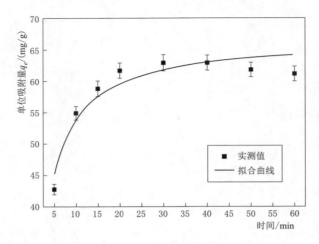

图 4.3 – 18　拟二级反应动力学拟合曲线

图 4.3 – 18 显示，该吸附反应在 60min 内尚未达到吸附平衡，最大吸附量为 60min 时的每克微生物絮凝剂可吸附 66.89mg 致黑物质，该时间点的实际吸附值为 61.24mg/g。而实测值的最大吸附量发生在 30min 时，为 62.99mg/g，与预测值相差较大。

由表 4.3 – 2 可知，利用拟二级反应动力学拟合的微生物絮凝剂去除致黑物质的 R^2 为 0.91，与拟一级反应动力学相比，没有达到良好的拟合效果。最大值误差较大，且残差为 4.98，高于拟一级反应动力学的拟合残差。由此可见，微生物絮凝剂对致黑物质的吸附更符合拟一级反应动力学。

相关研究结果表明[28]，一级动力学所描述的吸附过程受物质传输所控制。拟二级动力学是模拟二级反应的动力学，而二级反应动力学描述的是一种化学反应，伴随有电子共享或得失。微生物絮凝剂吸附致黑物质的拟一级反应动力学结果和拟二级反应动力学结果证明，该吸附过程更符合拟一级反应。这一结论印证了微生物絮凝剂对致黑物质的吸附并不是单纯的化学吸附。

4.3.3.2　吸附热力学

吸附热力学主要考察的是吸附能力与容量的问题，它是通过描述吸附剂对吸附质的最大单位吸附量，来分析底物初始浓度对污染物吸附量的影响。在固定温度下，可以用吸附等温线来量化这一物理过程。本节主要利用 Freundlich 吸附等温线、Langmuir 吸附等温线和 Dubinin-Radushkevich（D – R）吸附等温线来分析微生物絮凝剂对致黑物质的吸附行为，从而解析其吸附机制。

1. Langmuir 吸附等温线

Langmuir 吸附模型是在一个较为理想的吸附条件下建立的。它假设吸附剂

具有均一的表面，这意味着吸附剂的各处有相同的吸附能，同时该模型描述的
吸附过程是单分子层的，当吸附剂对吸附质达到吸附饱和时，吸附量为最大值。

Langmuir 吸附等温方程表示为

$$Q_e = \frac{Q_m K C_e}{1 + K C_e}\tag{4.3-5}$$

经整理，其线性表达式为

$$\frac{C_e}{Q_e} = \frac{C_e}{Q_m} + \frac{1}{Q_m K}\tag{4.3-6}$$

式中：C_e 为吸附质的初始浓度，mg/L；Q_e 为初始吸附质浓度 C_e 时的单位吸附
量，mg/g；Q_m 为吸附质对吸附剂的最大单位吸附量，mg/g；K 为 Langmuir
常数，可以用来判断吸附能力的大小。利用 Langmuir 吸附等温线来描述微生物
絮凝剂对致黑物质达到吸附平衡时的单位吸附量 Q_e 与致黑物质初始浓度 C_e 的
相互关系，见图 4.3-19。

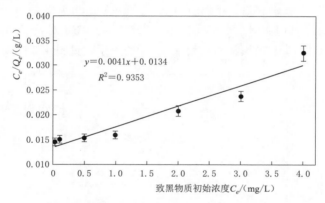

图 4.3-19　微生物絮凝剂吸附致黑物质的 Langmuir 吸附等温线

　　由图 4.3-19 可知，利用 Langmuir 吸附等温方程对微生物絮凝剂吸附致黑
物质进行拟合，各测量值较偏离拟合曲线，其 R^2 值为 0.94。该模型的两个参数
Q_m 和 K 分别代表了最大吸附量和吸附结合能。由表 4.3-3 可知，1g 微生物絮
凝剂可以吸附致黑物质的最大预测量为 243.9mg。表示微生物絮凝剂与致黑物
质结合力的 K 值为 3.27。在相同条件下，对 Q_m 值进行验证，实测值为
62.79mg/g，与预测值相差悬殊。Langmuir 吸附方程作为液相吸附中常用的等
温吸附模型，它只能解释均质单层吸附过程，以化学吸附为主。该方程对微生
物絮凝剂对致黑物质的吸附过程并不能很好地拟合。

　　2. Freundlich 吸附等温线

　　绝大部分吸附剂的性质是不均匀的，因此不能用 Langmuir 吸附等温线方程

来描述。而 Freundlich 方程式主要描述的是非均质表面的物理吸附，因此利用 Freundlich 吸附等温方程式对微生物絮凝剂吸附致黑物质的实验数据进行拟合。

表 4.3-3　　　　　　　　　　　　Langmuir 吸附等温线的各项参数

底物	最大吸附量预测值 Q_m /(mg/g)	最大吸附量实测值 Q_m /(mg/g)	K	R^2
致黑物质	243.9	62.79	3.27	0.94

Freundlich 吸附等温方程表示为

$$q_e = K_F C_e^{1/n} \tag{4.3-7}$$

经整理，其线性表达式为

$$\ln q_e = \ln K_F + \frac{1}{n} \times \ln C_e \tag{4.3-8}$$

式中：C_e 为吸附质的初始浓度，mg/L；q_e 为初始吸附质浓度 C_e 时的单位吸附量，mg/g；K_F 为吸附容量，mg/g；$1/n$ 为 Freundlich 常数，表示吸附强度。

利用 Freundlich 吸附等温方程描述微生物絮凝剂 MFX 对致黑物质达到吸附平衡时的单位吸附量 q_e 与致黑物质初始浓度 C_e 的关系，见图 4.3-20 和表 4.3-4。

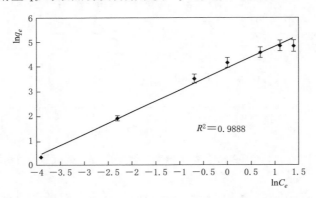

图 4.3-20　微生物絮凝剂吸附致黑物质的 Freundlich 吸附等温线

表 4.3-4　　　　　　　　　　　　Freundlich 吸附等温线的各项参数

底物	最大吸附量预测值 K_F /(mg/g)	最大吸附量实测值 K_F /(mg/g)	n	R^2
致黑物质	54.59	62.79	1.14	0.99

由图 4.3-20 可知，利用 Freundlich 吸附等温方程对微生物絮凝剂吸附致黑物质进行拟合，其 R^2 值为 0.99。该模型的两个参数 K_F 和 n 分别代表了最大吸附量和吸附强度。由表 4.3-4 可知，1g 微生物絮凝剂可以吸附致黑物质的最大

量为 54.59mg。在相同条件下，对 K_F 值进行验证，其实测值为 62.79mg/g，与预测值较为接近。表示微生物絮凝剂与致黑物质结合力的 n 值为 1.14。$1/n$ 小于 1，证明微生物絮凝剂与致黑物质的结合力较强。相比 Langmuir 吸附等温线方程，该方程能够很好地模拟微生物絮凝剂对致黑物质的吸附过程。而 Freundlich 吸附等温方程描述的是非均质表面的多分子层的吸附，物理吸附大多为多分子层吸附，同时也伴随着单分子层吸附的发生。而该吸附方程有时也可描述化学吸附等温线。

3. D - R 吸附等温线

D - R 吸附模型常被用来区分吸附机制。其吸附等温方程为

$$Q_e = Q_m \times e^{-KC^2} \tag{4.3-9}$$

其中

$$C = RT \left(1 + \frac{1}{C_e}\right) \tag{4.3-10}$$

式中：Q_e 为平衡吸附量，mg/g；Q_m 为最大单位吸附量，mg/g；k 为与吸附能力有关的常数，mol^2/kJ^2；R 为理想气体常数；T 为热力学温度；C_e 为吸附质的初始浓度，mg/L。平均吸附能 $E^2 = \dfrac{1}{2K}$。

利用 D - R 吸附等温线来描述微生物絮凝剂对致黑物质达到吸附平衡时的单位吸附量 Q_e 与致黑物质初始浓度 C_e 的相互关系，见图 4.3 - 21。

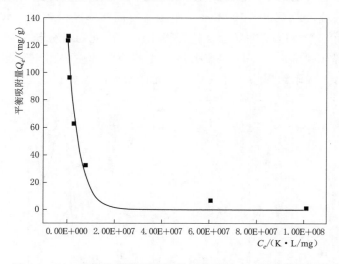

图 4.3 - 21　微生物絮凝剂吸附致黑物质的 D - R 吸附等温线

图 4.3 - 21 显示，利用 D - R 吸附等温方程对微生物絮凝剂吸附致黑物质进行拟合，其 R^2 值为 0.98，该方程能够很好地模拟微生物絮凝剂对致黑物质的吸

附过程。该模型的两个参数 Q_m 和 K 分别代表了最大吸附量和吸附强度。由表 4.3－5 可知，1g 微生物絮凝剂可吸附致黑物质的最大量为 132.64mg。通过 K 值计算平均吸附能 E 大于 16kJ/mol。研究表明，当 E＜8kJ/mol 时，为物理吸附；当 8kJ/mol≤E＜16kJ/mol 时，离子交换为主要作用；当 E≥16kJ/mol 时，存在化学吸附。由此证明，微生物絮凝剂对致黑物质的吸附是由物理吸附和化学吸附共同起作用的。

表 4.3－5　　　　　　　　D－R 吸附等温线的各项参数

底物	最大吸附量预测值 Q_m /（mg/g）	最大吸附量实测值 Q_m /（mg/g）	K /（mol²/ kJ²）	R^2
致黑物质	132.64	62.79	$2.16×10^{-7}$	0.98

综上所述，微生物絮凝剂对致黑物质的吸附机制是糖蛋白与致黑物质之间通过范德华力、氢键（物理吸附）和非共价键（化学吸附）等引起的吸附架桥与网捕卷扫作用[28]。

4.3.4　磁性微生物絮凝剂去除致黑物质的机制解析

4.3.4.1　磁性微生物絮凝剂吸附致黑物质的主要作用官能团类型

红外光谱通常是指中红外光谱，根据红外吸收峰来源不同可以将红外光谱图分为两个区域，即 4000～1300cm⁻¹ 范围的特征频率区和 1300～400cm⁻¹ 范围的指纹区。由于指纹区峰谱复杂且特征性不强，因此通常分析吸收峰数目少但特征性强的特征频率区，基团伸缩振动产生的吸收峰主要用于官能团鉴定。磁性微生物絮凝剂吸附致黑物质前后的红外光谱图见图 4.3－22。

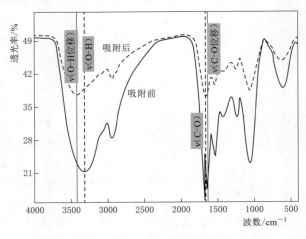

图 4.3－22　磁性微生物絮凝剂吸附致黑物质前后官能团变化情况

图 4.3-22 表明，磁性微生物絮凝剂同时具有磁粉和微生物絮凝剂的特征基团。对比吸附致黑物质前后的官能团发现，磁性微生物絮凝剂吸附致黑物质后羟基基团发生了明显位移，羟基吸收峰位置由 3314.78cm^{-1} 处位移到吸附后 3418.15cm^{-1} 位置处。因此，同微生物絮凝剂去除致黑物质的红外分析结果一样，磁性微生物絮凝剂吸附致黑物质过程中羟基仍是良好的吸附位点，对磁性微生物絮凝剂去除致黑物质发挥重要作用。除了羟基发生位移，磁性微生物絮凝剂羧基的 C＝O 键伸缩振动位置也由原来的 1658.56cm^{-1} 位移到吸附后的 1647.73cm^{-1} 位置处，因而磁性微生物絮凝剂的羧基官能团也参与了其对致黑物质的吸附，这一结果在很多研究中均有发现，即两种或两种以上官能团共同在吸附过程中发挥作用。此外，由于磁粉的主要官能团包括羟基基团、氨基基团以及 Fe—O 基团，因此合成的磁性微生物絮凝剂对致黑物质的吸附官能团位点增加，对致黑物质的吸附效果也会有所增加。

4.3.4.2　磁性微生物絮凝剂吸附致黑物质前后的形貌观察

根据 4.2.3 中磁粉和磁性微生物絮凝剂的形貌观察发现，磁粉结晶程度较好、呈不规则颗粒状紧密结构，磁性微生物絮凝剂则呈多孔、比表面积大的结构，吸附作用位点较多，是一种良好吸附材料。本研究将其用于水中致黑物质的去除，采用扫描电镜对磁性微生物絮凝剂吸附致黑物质前后的形貌结构进行表征，探究其吸附致黑物质机制。图 4.3-23 是磁性微生物絮凝剂吸附致黑物质前后的扫描电镜图像，在不同放大倍数下，均可以看到磁性微生物絮凝剂对致黑物质的吸附情况。

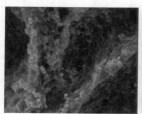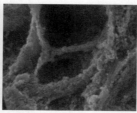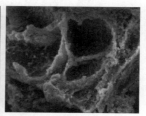

（a）不同放大倍数下磁性微生物絮凝剂的形貌观察

（b）不同放大倍数下磁性微生物絮凝剂吸附致黑物质后的形貌观察

图 4.3-23　磁性微生物絮凝剂吸附致黑物质前后的形貌观察

　　由于磁性微生物絮凝剂具有多孔结构，使得致黑物质易于附着在其表面。磁性微生物絮凝剂吸附致黑物质后其多孔结构被充分占据，活性吸附位点被紧密填充，许多细小颗粒沉积呈堆积物状聚集在磁性微生物絮凝剂表面，形成致密的粗糙絮体状，上述吸附前后的形貌变化表明磁性微生物絮凝剂已经成功吸附水中致黑物质。

4.3.4.3　磁性微生物絮凝剂吸附致黑物质前后的晶体结构变化

　　磁性微生物絮凝剂吸附致黑物质前后的晶体结构变化见图 4.3-24。通过对磁性微生物絮凝剂的晶体结构分析发现，图 4.3-24 中 99.9 晶面（30.233°）、269 晶面（35.587°）、44.5 晶面（44.771°）、78.1 晶面（57.201°）、91.0 晶面（62.749°）的衍射峰强度较磁赤铁矿（$\gamma\text{-Fe}_2\text{O}_3$）的特征衍射峰高，并且 2θ 在 10°～23°范围内出现的较宽衍射峰是包裹磁性材料的非晶态聚合物，推测可能是微生物絮凝剂 MFX 的成功连接，因而推断为磁性微生物絮凝剂的成功合成。磁性微生物絮凝剂吸附致黑物质后的结构也属于立方晶系，通过对照标准粉末衍射卡片 PDF39-1346 可知，制备产物的衍射峰仍为磁赤铁矿（$\gamma\text{-Fe}_2\text{O}_3$）和含碳有机物的结合物（磁赤铁矿-C）。当磁性微生物絮凝剂吸附致黑物质后，其晶型可能发生了改变，衍射峰不如吸附前尖锐，衍射强度也稍有降低，尤其是 216 晶面（35.586°）的特征峰。此外，相比于磁性微生物絮凝剂 XRD 图中出现的 2θ 在 10°～23°范围内出现的较宽衍射峰，磁性微生物絮凝剂吸附致黑物质后此峰的峰宽变大，这可能也表明磁性微生物絮凝剂对有机物致黑物质发生吸附导致的。

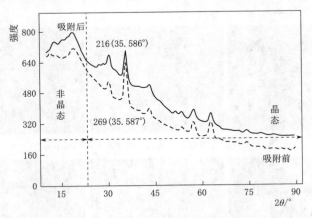

图 4.3-24　磁性微生物絮凝剂吸附致黑物质前后的晶体结构变化

4.3.4.4　磁性微生物絮凝剂吸附致黑物质过程中体系稳定性及电荷分析

　　为了检测吸附剂颗粒之间的静电相互作用程度，测定颗粒分散的 Zeta 电势是很必要的。Zeta 电势的测定是根据激光多普勒电泳原理完成的，因而吸附剂是通过电泳迁移测定等电点来表征的。通过测定不同反应时间内磁性微生物絮凝剂去除致黑物质后的 Zeta 电势变化，得出图 4.3－25 所示结果。可以看出，pH＝6.0 的致黑物质溶液 Zeta 电势为－7.08mV，当加入磁性微生物絮凝剂和助凝剂后，反应体系的 Zeta 电势值迅速增加，反应体系由负电荷变为正电荷，随后保持稳定不变。表明整个反应达到平衡的过程较迅速，短时间内即达到稳定状态，也表明了整个絮凝过程可能是以化学吸附作用为主完成的。

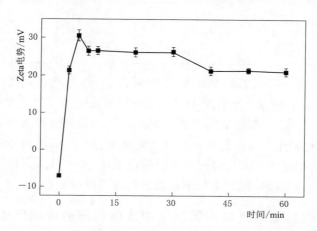

图 4.3－25　磁性微生物絮凝剂吸附致黑物质后的 Zeta 电势变化

4.4　微生物絮凝剂对水体中致黑物质的去除效果

4.4.1　对库区水体中致黑物质的去除效果

考察微生物絮凝剂对库区水体中致黑物质的去除效果时，采用正交设计表 L_9（3^4）设计了 9 组实验，各组实验去除率结果见表 4.4－1。

表 4.4－1　　微生物絮凝剂去除致黑物质的正交实验的直观分析

实验序号	絮凝剂投加量/mL	pH	助凝剂投加量/mL	时间/h	去除率/%
1	2	5	0	1	18.5
2	2	7	0.5	12	42.5
3	2	9	1	24	34.5
4	5	5	0.5	24	12.03
5	5	7	1	1	65.2

续表

实验序号	絮凝剂投加量/mL	pH	助凝剂投加量/mL	时间/h	去除率/%
6	5	9	0	12	52.0
7	8	5	1	12	22.04
8	8	7	0	24	49.0
9	8	9	0.5	1	71.4
均值1	31.833	17.523	39.833	50.800	
均值2	42.177	51.333	41.977	38.847	
均值3	47.480	52.633	39.680	31.843	
极差	15.647	35.110	2.297	18.957	

由表 4.4 - 1 可知，通过均值的分析得出了去除条件的最佳组合为 A3B3C2D1，即针对于微生物絮凝剂对致黑物质的去除率，正交实验确定的最佳去除条件为：pH 为 9，絮凝剂的投加量为 8mL，助凝剂的投加量为 0.5mL，絮凝时间 1h。在此条件下微生物絮凝剂对致黑物质的去除率达到 71.4%。对于各因素对去除率的影响度，则通过比较极值得出 RB>RD>RA>RC。即 pH 的影响度最高，其次为絮凝时间、絮凝剂投加量和助凝剂投加量。

4.4.2　微生物絮凝剂去除库区水体中致黑物质的影响因素

4.4.2.1　pH 对致黑物质去除效果的影响

在 30℃下，向水量为 1L，浓度为 1mg/L 的致黑物质溶液中加入 5mL 微生物絮凝剂，0.5mLCaCl₂，调节 pH 至 5、6、7、8、9、10，反应 1h 后，测定致黑物质去除率。pH 对去除效果的影响见图 4.4 - 1。

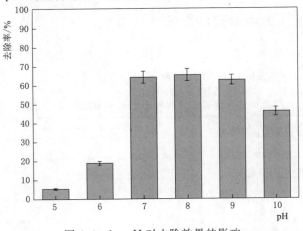

图 4.4 - 1　pH 对去除效果的影响

如图 4.4-1 所示，随着 pH 的变化去除率先增大后减小，且变化显著。可证明 pH 对致黑物质的去除有很大影响。在酸性条件下，微生物絮凝剂对致黑物质的去除效果较差，当 pH 为 5 时，去除率仅有 5.14%。在 pH 为 7～9 时，去除率较高。当 pH 为 8 时，去除效果最佳，去除率达到 65.26%。随着 pH 的进一步升高，去除率出现下降趋势，说明酸性和过碱性条件均不利于致黑物质的去除，而在中性偏碱范围内微生物絮凝剂对致黑物质有较好的去除效果。这是由于 pH 的变化会改变微生物絮凝剂和致黑物质表面电荷的数量和性质，过高或过低的 pH 会削弱其中和作用，进而阻碍物质间的凝聚反应。因此，去除致黑物质的最佳 pH 范围为 7～8。

4.4.2.2　絮凝剂投加量对致黑物质去除效果的影响

在 30℃下，向水量为 1L，浓度为 1mg/L 的致黑物质溶液中依次加入 1mL、3mL、5mL、7mL、9mL 微生物絮凝剂，0.5mLCaCl$_2$，调节 pH 至 7.5，反应 1h 后，测定致黑物质的去除率。絮凝剂投加量与去除率的关系如图 4.4-2 所示。

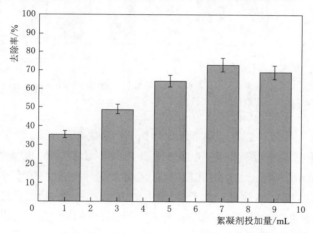

图 4.4-2　絮凝剂投加量与去除率的关系

图 4.4-2 显示，随着絮凝剂投加量的逐渐增大，去除率呈现先增大后减小的趋势。微生物絮凝剂在投加量为 1～7mL 时，随着投加量的增大，去除率提高，投加 7mL 时去除率迅速升高达到最大值为 73.06%。投加 9mL 时，去除率出现下降趋势。这是由于当微生物絮凝剂的投加量较低时，会过早造成吸附饱和，降低其对污染物的去除率；而过量的微生物絮凝剂会破坏整个体系的带电性，使得正负电荷失衡，引起返混现象反而影响去除效果；当投入量为饱和量的一半时，能达到良好的去除效果，这时投入微生物絮凝剂的量即为最佳投加量。因此，去除致黑物质的最佳微生物絮凝剂投加量为 7mL。

4.4.2.3　助凝剂投加量对致黑物质去除效果的影响

在 30℃下，向水量为 1L，浓度为 1mg/L 的致黑物质溶液中加入 7mL 微生物絮凝剂，并设置 $CaCl_2$ 投加量为 0mL、0.1mL、0.3mL、0.5mL、1mL、1.5mL，调节 pH 至 7.5，反应 1h 后，测定致黑物质的去除率。助凝剂投加量与去除率的关系如图 4.4-3 所示。

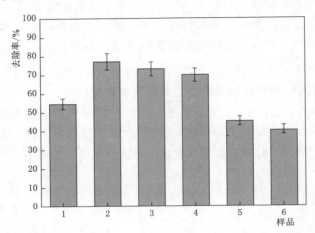

图 4.4-3　助凝剂投加量与去除率的关系

注：样品 1～6 分别对应助凝剂投加量为 0mL、0.1mL、0.3mL、0.5mL、1mL、1.5mL。

由图 4.4-3 可知，当不投加助凝剂时，微生物絮凝剂对致黑物质的去除率为 54.73%，证明了在没有助凝剂的辅助下，微生物絮凝剂也能去除致黑物质。当投加量为 0.1mL 时，微生物絮凝剂对致黑物质的去除率提高，达到最大值 77.17%。之后，投加倍数的增大反而使去除率减小。这是由于微生物絮凝剂去除污染物主要是利用大分子间的桥连作用，助凝剂的存在正是从这方面协助微生物絮凝剂达到良好的絮凝效果。但是过高的助凝剂投加量，会引入过多的正电荷，与带负电的微生物絮凝剂的吸附位点结合，这会阻碍微生物絮凝剂与悬浮颗粒的结合。因此，确定去除致黑物质的最佳助凝剂投加量为 0.1mL。

4.4.2.4　反应时间对致黑物质去除效果的影响

在 30℃下，向水量为 1L，浓度为 1mg/L 的致黑物质溶液中加入 7mL 微生物絮凝剂，并设置助凝剂 $CaCl_2$ 投加量为 0.1mL，调节 pH 至 7.5，分别反应 0.5h、1h、1.5h、2h、6h、12h、18h、24h 后，测定致黑物质的去除率。作用时间对去除率的影响如图 4.4-4 所示。

图 4.4-4 显示，随着反应时间的增加去除率出现了逐渐降低再趋于平稳的趋势，在 12h 后去除率开始稳定。这与吸附实验相似，在反应初期大量的待吸

附物质存在于溶液中，并被快速地吸附。随着吸附位点的饱和，吸附量逐渐达到平衡。最终确定去除致黑物质的最佳时间为 0.5h。

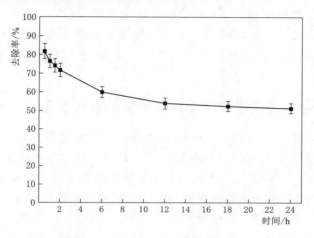

图 4.4－4　时间对去除效果的影响

4.4.2.5　温度对致黑物质去除效果的影响

向水量为 1L，浓度为 1mg/L 的致黑物质溶液中加入 7mL 微生物絮凝剂，并设置助凝剂 $CaCl_2$ 投加量为 0.1mL，调节 pH 至 7.5，分别在 15℃、20℃、25℃、30℃、35℃下反应 0.5h 后，测定致黑物质的去除率。温度对去除率的影响如图 4.4－5 所示。可以看出，在 15～35℃范围内，随着温度的升高，去除率缓慢上升。当温度为 35℃时，微生物絮凝剂对致黑物质的去除能力最强（81.75%）。

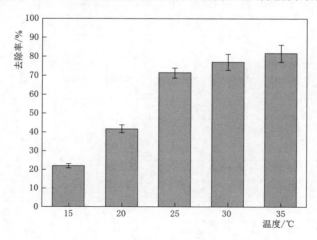

图 4.4－5　温度对去除率的影响

这是由于适宜的温度可以使胶体粒子间的无规则运动加快，增大分子间碰撞几率，进而加速絮凝过程。而温度过高又会造成絮凝活性物质失活，反而降低去除率，因此微生物絮凝剂去除致黑物质的最佳温度为 35℃。

综上所述，微生物絮凝剂对水中致黑物质的最佳去除条件为絮凝剂投加量 7mL，助凝剂投加量 0.1mL，pH 为 7.5，反应温度 35℃，反应时间 0.5h，去除率达到 81.75%。

4.4.3　微生物絮凝剂去除水中致黑物质的条件优化

上述实验证明微生物絮凝剂对浓度为 1mg/L 的水中致黑物质具有良好的去除效果，与化学絮凝剂相比具有明显的优越性。但实际废水中致黑物质的浓度通常最高为几十至几百微克，生活污水中致黑物质的浓度为 20μg/L 左右。因此配置 20μg/L 的致黑物质水溶液，利用正交实验考察微生物絮凝剂对水中致黑物质的去除效果，见表 4.4-2 和表 4.4-3。

表 4.4-2　　　　微生物絮凝剂去除致黑物质的正交实验设计表

水平	絮凝剂投加量/mL	pH	助凝剂投加量/mL	时间/h
1	3	7	0.05	0.5
2	5	7.5	0.10	1.0
3	7	8	0.15	1.5

表 4.4-3　　　　微生物絮凝剂处理致黑物质的正交实验的直观分析

实验序号	絮凝剂投加量/mL	pH	助凝剂投加量/mL	时间/h	去除率/%
1	1	1	1	1	73.81
2	1	2	2	2	79.88
3	1	3	3	3	67.34
4	2	1	2	3	65.95
5	2	2	3	2	78.48
6	2	3	1	1	83.55
7	3	1	3	2	46.39
8	3	2	1	3	55.93
9	3	3	2	1	62.09
均值 1	73.677	62.050	71.097	71.460	
均值 2	75.993	71.430	69.307	69.940	
均值 3	54.803	70.993	64.070	63.073	
极差	21.190	9.380	7.027	8.387	

由表 4.4-3 可知，通过极差值显著的比较可以得出结论：对整个反应过程影响最大的是絮凝剂投加量，影响最弱的是助凝剂 $CaCl_2$ 的投加量。各因素对于致黑物质处理效果影响强弱顺序为絮凝剂投加量、pH、反应时间、助凝剂投加量。通过均值的分析，初步判断最优的去除条件为微生物絮凝剂投加量为 5mL，pH 为 7.5，助凝剂投加量 0.05mL，吸附时间 0.5h。在此条件下，微生物絮凝剂 MFX 对致黑物质的去除率达到 84.07%，其加标回收率为 89%。

微生物絮凝剂处理 $20\mu g/L$ 的致黑物质的正交实验结果与处理 $1mg/L$ 的致黑物质单因素实验结果相比，最佳 pH 和处理时间不变，絮凝剂投加量和助凝剂投加量有所变化。随着底物致黑物质浓度的降低，微生物絮凝剂的投加量由 7mL 下降到 5mL，相应的助凝剂投加量也从 0.1mL 下降到 0.05mL，对致黑物质的去除率由 81.75% 升高到 84.07%。

4.4.4　微生物絮凝剂对实际废水中致黑物质的去除效果

为了进一步验证在实际桉树林区库区水源地水体中微生物絮凝剂对致黑物质的去除效果，结合库区水源地水体致黑物质的发生特点及致黑物质的分布规律，选择宁南市周边桉树林区水源地水体中致黑物质发生较严重的深秋季节库区水体作为处理对象，开展微生物絮凝剂致黑物质去除效果的研究。

微生物絮凝剂对浓度为 $20\mu g/L$ 的致黑物质去除效果的正交实验结果表明，助凝剂的投加量对微生物絮凝剂去除致黑物质的影响较小。因此响应面优化过程中，选择 pH、絮凝剂投加量和反应时间三个因素进行优化。各因子的优化水平采用中心组合设计得到 17 组实验，见表 4.4-4 和表 4.4-5。

表 4.4-4　　　　微生物絮凝剂去除致黑物质的优化设计

因子	因子代码	单位	低水平	中心值	高水平
反应时间	A	min	−1 (10)	0 (20)	1 (30)
絮凝剂投加量	B	mL	−1 (6)	0 (8)	1 (10)
pH 值	C	—	−1 (7)	0 (7.5)	1 (8)

表 4.4-5　　　　微生物絮凝剂对致黑物质去除条件的优化结果

实验编号	A	B	C	去除率/%	
				实验值	预测值
1	0	0	0	73.25	73.77
2	0	−1	−1	72.83	73.38
3	0	1	1	66.83	67.15
4	−1	−1	0	65.03	65.05

续表

实验编号	A	B	C	去除率/%	
				实验值	预测值
5	−1	1	0	73.09	73.38
6	1	−1	0	77.71	76.89
7	0	0	0	57.32	58.14
8	−1	0	1	73.51	73.38
9	0	0	0	73.86	73.38
10	1	0	−1	65.45	64.61
11	0	1	−1	63.92	63.63
12	1	0	1	68.8	68.48
13	0	0	0	71.86	71.84
14	0	−1	1	63.66	63.14
15	1	1	0	75.3	75.6
16	0	0	0	73.62	73.38
17	−1	0	−1	71.89	72.73

底物致黑物质含量在库区原水中的浓度为 $20.068\mu g/L$。在正交实验基础上进行的 1L 库区原水中致黑物质处理条件优化结果见表 4.4 − 5。

如表 4.4 − 5 所示，根据实测值及 RSM 法预测值，用 Desing Expert 8.0.5进行多次回归，拟合出如下多元二次方程：

$$R_1 = 73.38 − 0.96A + 4.35B + 5.02C − 5.0 \times 10^{-3}AB$$
$$−0.47AC − 0.15BC − 1.73A2 − 3.2B2 − 2.51C2 \qquad (4.4−1)$$

采用 ANOVA 方差分析检验 F 值和 P 值，进而证明模型及各因子的统计学意义，结果见表 4.4 − 6。

表 4.4 − 6　　　　　　　回 归 模 型 方 差 分 析

变异来源	平方和	自由度	F 值	P 值	显著性
模型	453.23	9	80.82	<0.0001	*
A	7.41	1	11.89	0.0107	
B	151.73	1	243.49	<0.0001	*
C	201.8	1	323.85	<0.0001	*
AB	1.0×10^{-4}	1	1.61×10^{-4}	0.9902	
AC	0.88	1	1.42	0.2725	
BC	0.09	1	0.14	0.7152	

续表

变异来源	平方和	自由度	F 值	P 值	显著性
A^2	12.58	1	20.19	0.0028	
B^2	43.21	1	69.34	<0.0001	*
C^2	26.60	1	42.69	0.0003	
残差	4.36	7			
总变异	457.59	16			

注：$R^2=0.9905$　Adj $R^2=0.9782$。

由表 4.4－6 可知，模型的 P 值小于 0.0001，响应面优化方程显著，回归模型的决定系数 R^2 为 0.99，其残差概率分布接近在一条直线上，说明方程拟合效果较好，见图 4.4－6。从逐项显著性检验结果可知，在各因素的给定水平范围内，絮凝剂投加量和 pH 对微生物絮凝剂去除致黑物质的影响最为显著，其中 pH 的影响最大。

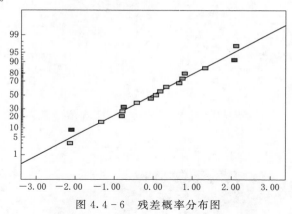

图 4.4－6　残差概率分布图

利用 Desing Expert 8.0.5 软件对表 4.4－6 的数据进行二次多元回归拟合，所得到响应面见图 4.4－7。

由图 4.4－7 和表 4.4－6 可知，pH 和作用时间的交互作用球面图弧度相对较大，其交互作用最为显著，pH 和絮凝剂投加量的交互作用次之，作用时间和絮凝剂投加量的交互作用相对最小；各参数均对应有其极值，利用 Desing Expert 8.0.5 软件对絮凝率的二次多项式模型解逆矩阵得到其最优条件为：pH 为 8、絮凝剂投加量为 8.59mL、作用时间为 13min。此时微生物絮凝剂对致黑物质的去除率为 77.41%。为便于操作，将最优条件设置为 pH＝8；絮凝剂投加量：8.5mL；作用时间：13min。在此最优条件下，测定微生物絮凝剂对致黑物质的去除率，对预测效果进行验证，结果见表 4.4－7。

由表 4.4 - 7 可知，经响应面法优化后的最优去除条件下，微生物絮凝剂对致黑物质的去除率较正交实验结果有所降低。优化后的絮凝剂投加量有所提高、反应时间缩短。经实验验证，响应面预测结果与实际相符，该方法优化的去除条件真实可靠，具有一定应用价值。在最优条件下利用微生物絮凝剂去除生活污水中的致黑物质，最大去除率为 75.03%，而正交实验表明，微生物絮凝剂去除配水中的致黑物质，最大去除率为 84.07%。这是由于配水中只含有致黑物质

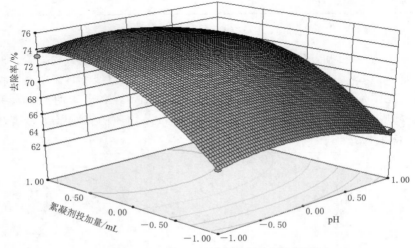

（a）絮凝剂投加量和 pH 的交互作用对去除率的影响

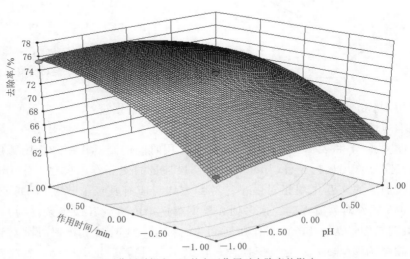

（b）作用时间和 pH 的交互作用对去除率的影响

图 4.4 - 7（一）　各参数间的交互作用对去除率的影响

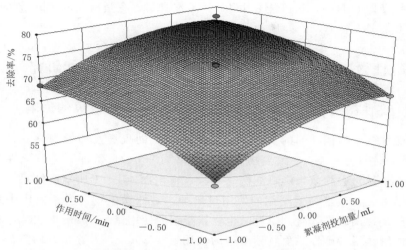

（c）作用时间和絮凝剂投加量的交互作用对去除率的影响

图 4.4 - 7（二）　各参数间的交互作用对去除率的影响

一种单一的底物，而库区原水中成分则相对复杂。虽然库区原水中含有大量的悬浮物胶体颗粒，更易于絮体的形成，但各底物与致黑物质对微生物絮凝剂吸附位点的竞争也异常激烈（表 4.4 - 8），致使致黑物质的去除率有所下降。

表 4.4 - 7　　微生物絮凝剂对致黑物质去除条件优化结果的验证表

实验类别	pH	絮凝剂投加量/mL	反应时间/min	去除率/%
正交实验	7.5	5	30	84.07
响应面预测	8	8.59	13	77.41
响应面预测验证	8	8.5	13	75.03

表 4.4 - 8　　微生物絮凝剂对生活污水中各指标的处理效果

项　目	COD_{cr} /（mg/L）	SS /（mg/L）	TN /（mg/L）	TP /（mg/L）	致黑物质浓度 /（μg/L）
进水	243.16	79.8	35.40	4.47	20.07
出水	281.94	3.75	31.47	0.90	5.02
去除率/%	—	95.3	11.1	79.87	75.03

表 4.4 - 8 显示，微生物絮凝剂在对生活污水中的致黑物质有较高的去除率外，对其中的固体悬浮物（SS）和总磷（TP）均有良好的去除效果。其中对 SS 的去除率高达 95.3%，TP 的去除率达到 79.87%，这些物质均与致黑物质形成竞争关系，使得致黑物质的去除率较配水有所下降。但是微生物絮凝剂对 TN

的去除率仅为 11.1％，这可能是由于 MFX 本身是含有蛋白质的大分子物质，它的投入引来了外源 N，因此增加了总氮的含量。

4.5　磁性微生物絮凝剂对水中致黑物质的去除效能研究

4.5.1　磁性微生物絮凝剂投加量对致黑物质去除效果的影响

在磁性微生物絮凝剂的使用量为 4～20mg，助凝剂投加量为 90μL、pH 为 8.0、反应时间为 30min、致黑物质初始浓度为 80μg/L 条件下进行磁性微生物絮凝剂投加量对去除效果影响的探究实验，得出图 4.5-1 所示的结果。从图中可知，随着磁性微生物絮凝剂的使用量增加，磁性微生物絮凝剂对水中致黑物质的去除率逐渐升高，直到磁性微生物絮凝剂的使用量为 16mg 时去除率达到最高，此时继续增加磁性微生物絮凝剂的使用量至 20mg，去除率开始降低，表明只有在磁性微生物絮凝剂投加量为最适宜剂量时去除效果才能达到最好，过高或过低的使用量都会降低去除率。

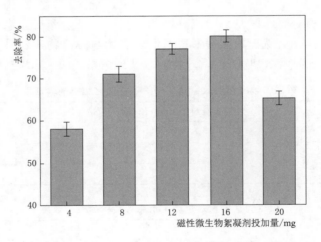

图 4.5-1　磁性微生物絮凝剂投加量对去除效果的影响

这是由于当溶液中致黑物质含量一定时，随着磁性微生物絮凝剂投加量增多，发挥吸附作用的活性位点数量也随之增加，因而能够吸附去除的致黑物质量也增多，即去除率逐渐增加。但当底物致黑物质浓度一定，磁性微生物絮凝剂的投加量增加到一定值时，其对水中致黑物质吸附饱和，此时即使再增大投加量，去除率也不会再提高，反之会由于竞争吸附而导致去除率下降。也就是说，投加量过少时，溶液中没有足够的致黑物质吸附位点，而投加量过多时，可能会发生竞争吸附，从而导致过多或过少的磁性微生物絮凝剂使用量均达不到最优去除效果。因此，在其他条件不变的条件下，磁性微生物絮凝剂的使用量为 16mg 时，磁性微生物絮凝剂对水中致黑物质的去除效果最好，去除率达到了 80.07%。

4.5.2 pH 对致黑物质去除效果的影响

溶液 pH 是影响吸附效果的关键因素，pH 可以影响致黑物质和磁性微生物絮凝剂官能团的存在状态，通过去质子化或质子化影响磁性微生物絮凝剂对致黑物质的吸附能力。此部分研究 pH 对磁性微生物絮凝剂去除水中致黑物质的影响，在磁性微生物絮凝剂投加量为 16mg、助凝剂投加量为 90μL、pH 在 4.0~8.0 范围内、反应时间为 30min 的条件下，探究了磁性微生物絮凝剂对初始浓度为 80μg/L 致黑物质的去除效果，实验结果如图 4.5−2 所示。可以看出，在 pH 为 4.0~8.0 的范围内，致黑物质的去除率先升高后降低，并且在 pH 为 6.0 时达到最大，这与 pH 为 8.0 是 MFX 去除水中致黑物质的最优条件之一不同。

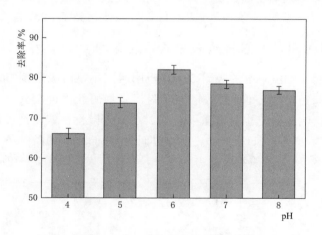

图 4.5−2 pH 对去除效果的影响

不同 pH 的溶液中，磁性微生物絮凝剂和致黑物质的官能团存在状态不同，其存在形式也不同。随 pH 增加去除效能先升高后降低，一方面是由于 pH 较低时 H_3O^+ 增多，磁性微生物絮凝剂表面的官能团吸附位点被其占据，因而抑制磁性微生物絮凝剂对致黑物质的吸附导致去除率较低。随 pH 升高 H_3O^+ 减少，磁性微生物絮凝剂表面官能团活性位点充分暴露，可以结合更多的致黑物质，去除率显著增加。但是当 pH 超过 6 之后，溶液中的 OH^- 不断增加，可能由于竞争吸附使得去除率下降。另一方面是由于在偏酸性条件下致黑物质通常以阳离子（TCH^{3+}）的形式存在，在酸性到中性条件下致黑物质通常以 TCH$_2$ 和 TCH 两种形式存在，而在偏碱性条件下致黑物质通常以阴离子（TC^{2-}）形态存在。当 pH 为 6.0 时，TCH$_2$ 和 TCH$^-$ 两种致黑物质存在形式都含有负电荷，由于静电吸引会促使其与正电荷结合。采用共沉淀法制备的磁性物质常带有负电荷，与微生物絮凝剂交联时能够聚集其带正电的官能团，使得最终合成的磁性微生物絮凝剂表面正电荷增多，因而可能导致了磁性微生物絮凝剂对致黑物质的吸附量增加。然而，当 pH 为 4.0 或 5.0 时，致黑物质可能主要以阳离子（TCH^{3+}）的形式存在，此时不但溶液中较多的氢离子（H$^+$）会与致黑物质竞争吸附位点，磁性微生物絮凝剂表面较多的正电荷官能团也会对此状态下的致黑物质产生排斥作用。

当 pH 为 7.0 或 8.0 时，致黑物质分子重排可能导致其表面分布更多正电荷，使得表面聚集较多正电荷官能团的磁性微生物絮凝剂对致黑物质产生排斥，因而导致去除效率也不高，这可能也是磁性微生物絮凝剂对致黑物质的去除效能优于微生物絮凝剂的主要原因之一。因此，致黑物质溶液 pH 为 6.0 时，磁性微生物絮凝剂对致黑物质的去除效果最好，去除率达到了 82.12%。

4.5.3　吸附时间对致黑物质去除效果的影响

吸附时间也影响吸附剂的吸附效果，吸附时间不足时吸附剂与污染物接触不充分，吸附时间过长时又可能导致已经吸附污染物的絮体再次分离，因此吸附时间对吸附效果影响的研究也有着重要意义。在磁性微生物絮凝剂投加量为 16mg、助凝剂投加量为 90μL、pH 为 6.0、反应时间为 0～60min 的条件下，探究磁性微生物絮凝剂对 80μg/L 致黑物质的去除效果，实验结果如图 4.5-3 所示。

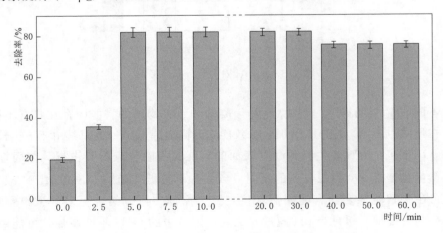

图 4.5-3　吸附时间对去除效果的影响

结果发现，在致黑物质水溶液中加入磁性微生物絮凝剂和助凝剂后 5min，磁性微生物絮凝剂对致黑物质达到了较高的去除率，此时处于快速吸附阶段。这是由于此时吸附主要发生在磁性微生物絮凝剂的表面，充足的活性吸附位点更易于进行吸附反应。随着反应进行，直到 30min 左右时磁性微生物絮凝剂对致黑物质的吸附处于平衡阶段。这是由于随着时间推进，磁性微生物絮凝剂表面的活性位点被致黑物质充分占据，致黑物质开始向其内部扩散，导致吸附速率降低，去除率基本保持不变。随后去除率稍有下降，可能是由于部分吸附致黑物质的絮体开始解体，脱附速率增加导致的，最终在 30min 左右吸附-脱附状态趋于平衡。因此，吸附时间为 30min 时，磁性微生物絮凝剂对致黑物质的去除效果最好，去除率达到了 81.73%。

4.5.4 初始致黑物质浓度对去除效果的影响

初始致黑物质浓度对吸附效能影响也较重要，此部分对初始致黑物质浓度对磁性微生物絮凝剂去除水中致黑物质的影响进行了研究，在磁性微生物絮凝剂投加量为 16mg、助凝剂投加量为 90μL、pH 为 6.0、反应时间为 30min 的条件下，探究了磁性微生物絮凝剂对不同初始浓度（40～120μg/L）致黑物质的去除效果，实验结果如图 4.5-4 所示。可以看出，随着初始致黑物质浓度增加，磁性微生物絮凝剂对其去除效能呈不同程度的下降趋势，即在低浓度时去除效能最好，随着浓度增加去除效能下降。

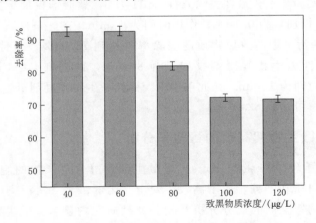

图 4.5-4 初始致黑物质浓度对去除效果的影响

随着初始致黑物质浓度增加去除效能降低，与浓度对微生物絮凝剂去除效能的影响趋势不同。并且相同致黑物质初始浓度下磁性微生物絮凝剂的去除效能也高于微生物絮凝剂，可能与磁性微生物絮凝剂的活性吸附位点较 MFX

有所增加有关，增加了致黑物质与其活性位点碰撞的几率，即使对低浓度致黑物质磁性微生物絮凝剂的吸附效能也较高。一定量的磁性微生物絮凝剂中吸附位点有限，当吸附位点完全被致黑物质占据达到吸附饱和，继续增加初始致黑物质浓度去除效能反而会降低。当磁性微生物絮凝剂的量一定且致黑物质浓度较低时，其对致黑物质的吸附发生在高能量位，磁性微生物絮凝剂对致黑物质的去除率较高。随着初始浓度不断升高，致黑物质充分占据磁性微生物絮凝剂的高能量位至饱和，此时吸附主要发生在低能量位，去除率不断降低。因此，考虑到致黑物质初始浓度过低也不符合实际废水情况，加之会增大检测误差，本研究仍将 $80\mu g/L$ 作为致黑物质的初始浓度进行进一步研究。

　　综上分析，在磁性微生物絮凝剂投加量为 16mg、助凝剂投加量为 $90\mu L$、pH 为 6.0、反应时间为 30min 的条件下，磁性微生物絮凝剂对 $80\mu g/L$ 致黑物质的去除率达到了 81.82%。

4.5.5　磁性微生物絮凝剂对桉树林区库区水源地水体致黑物质的净化实验

　　选择桉树林区 8 月采集水样［比色法测定致黑物质浓度约为（12.11±3.24）$\mu g/L$］微生物絮凝剂、磁性微生物絮凝剂对 1L 实际废水中致黑物质的去除效果。优化实验显示，最佳去除条件：pH 为 8，絮凝剂投加量为 8.5mL，助凝剂（$CaCl_2$）投加量为 0.1mL，作用时间为 13min。在此条件下，微生物絮凝剂 MFX 对生活污水中的致黑物质的去除率可达到 75.03%；最佳去除条件为：pH 为 8.2，磁性微生物絮凝剂投加量为 8.0mL，助凝剂（$CaCl_2$）投加量为 0.1mL，作用时间为 10min。在此条件下，磁性微生物絮凝剂对生活污水中的致黑物质的去除率可达到 82.27%。

4.5.6　磁性微生物絮凝剂的毒理学分析

　　微生物絮凝剂（Bioflocculants）是微生物发酵分泌产生的胞外代谢产物，主要成分为蛋白质和多糖，属于高效、安全、无毒、无二次污染的绿色高分子净水剂。微生物絮凝剂的成分分析及相关文献研究均显示：微生物絮凝剂、磁性微生物絮凝剂对鱼类、人体或其他生物均副作用[54]。不但具有强大的生物吸附特性，而且还可以同时克服常规生物吸附材料的固有缺陷，对水质适应性强，耐冲击，抗干扰能力强，不需要预处理等额外操作，操作简单，运行成本低，处理后达到较好的出水水质，因此，微生物絮凝剂已经成为当今世界重金属生物吸附领域的可替代新材料，具有广阔的前景。

4.6 微生物絮凝剂的磁性分离

本研究已经证明蛋白型的微生物絮凝剂含有更为丰富的活性官能团结构并且具有特殊的理化性质，尤其他的还原性质为水中氧化还原电位较高的环境激素、抗生素、NOM、PPCPs、高分子有机污染物及多种重金属离子的转化提供了有利条件。此外，蛋白型的微生物絮凝剂对于水中不同的 NOM、PPCPs、高分子有机污染物及重金属离子都表现出较好的去除能力，因此，在水污染的治理上具有极大的潜力。然而，微生物絮凝剂在处理水中环境激素、抗生素、NOM、PPCPs 或重金属离子后自沉降效果不佳，即使增加微生物絮凝剂投加量也无能为力，这主要是因为水体污染物表面荷电量高、亲水性很强，微生物絮凝剂在吸附后仍然悬浮于水溶液中，很难实现污染物絮团的高效沉降，因而很难从水中分离，这就给后续处理带来了很大困难，水体污染物虽然转移到微生物絮凝剂上，但并未从水中去除。

因此，为了解决微生物絮凝剂在处理水中污染物后自沉降效果不佳，难从水中分离的问题，需要引入其他更强的物理力场。磁性四氧化三铁纳米颗粒（Fe_3O_4）具有极强可分离性，仅仅通过使用一个外部磁场就可以将其从溶液中快速的分离出来，但磁性纳米颗粒 Fe_3O_4 本身的官能团种类单一，对重金属的吸附转化性能很差，而且较强的聚合性能使得磁性纳米颗粒 Fe_3O_4 很容易团聚在一起。目前，关于磁性高分子材料的合成与性能研究的报道很多，例如将腐殖酸和壳聚糖与磁性 Fe_3O_4 纳米颗粒复合制备成磁性材料，可以有效地去除水中有毒重金属离子 [Cu（Ⅱ），Pb（Ⅱ），Cd（Ⅱ）和 Hg（Ⅱ）]，在外加磁场作用下可简单迅速地实现磁性材料的分离。然而，关于磁性微生物絮凝剂的合成及应用研究仍鲜有报道。

基于此，拟将通过化学手段把微生物絮凝剂（MFX）与磁性四氧化三铁纳米颗粒复合，使其固定包裹在磁性纳米颗粒 Fe_3O_4 外表面而制成磁性微生物絮凝剂 Fe_3O_4@MFX，以此为研究对象，对其进行表征和理化性质的分析，并考察磁性合成对微生物絮凝剂去除水中污染物效能的影响，并通过解吸附实验考察其循环再生性能，以期为微生物絮凝剂的发展拓宽思路。

4.6.1 磁性微生物絮凝剂 Fe_3O_4@MFX 的合成

通过共沉淀法制备磁性 Fe_3O_4 颗粒，即将氯化铁 $FeCl_3 \cdot 6H_2O$（6.1g）和硫酸亚铁 $FeSO_4 \cdot 7H_2O$（4.2g）溶于 100mL 的超纯水中，再向溶液中快速添加 10mL 氨水 $NH_3 \cdot H_2O$（25%），加热到 90℃并连续搅拌 30min，然后冷却到

室温。通过过滤、洗涤和干燥收集生成的黑色沉淀，所获得的沉淀物就是实验所需的磁性 Fe_3O_4 颗粒。将制备的磁性 Fe_3O_4 颗粒（0.5g）投入到 500mL 的超纯水中超声分散。分散完全后，将微生物絮凝剂 MFX（0.5g）和过硫酸钠 $Na_2S_2O_8$（0.05g）依次投加到磁性 Fe_3O_4 颗粒分散溶液中。整个反应溶液系统在冰水浴（0℃）中搅拌 5h。磁性 Fe_3O_4 颗粒和微生物絮凝剂在过硫酸钠 $Na_2S_2O_8$ 的氧化共聚作用下形成黑色的固体颗粒，通过磁分离、洗涤和干燥过程收集，得到的黑色颗粒即为磁性微生物絮凝剂 Fe_3O_4@MFX。

与其他方法相比，该方法避免了磁性 Fe_3O_4 颗粒复杂的预处理过程。

4.6.2　磁性微生物絮凝剂 Fe_3O_4@MFX 的表面形貌及特性分析

利用透射电镜 TEM 对制备的磁性 Fe_3O_4 纳颗粒和磁性微生物絮凝剂 Fe_3O_4@MFX 进行表面形貌的观察和对比，结果如图 4.6-1 和图 4.6-2 所示。从图 4.6-1 中可以清晰地观察到磁性 Fe_3O_4 颗粒呈球状，粒子直径约 30nm。磁性微生物絮凝剂 Fe_3O_4@MFX 则展现出界限分明的核壳结构，如图 4.6-2。浅色的微生物絮凝剂形成均匀的外壳层（厚度约 10nm），成功地包裹在黑色的磁 Fe_3O_4 颗粒核心的外层，整体形成一个球状的纳米粒子，直径大约为 50nm。为了研究磁性微生物絮凝剂 Fe_3O_4@MFX 的元素分布（如 Fe、O、C 和 N），将其沿着颗粒直径进行透射电镜-能谱联用（TEM-EDS）扫描，结果如图 4.6-3 和图 4.6-4 所示。结果显示，磁性 Fe_3O_4 纳米颗粒中富含的 Fe 和 O 元素主要富集在新材料的核心，而微生物絮凝剂 MFX 中的 C 和 N 元素主要分布在外壳层，这一结果也进一步证明了微生物絮凝剂 Fe_3O_4@MFX 界限分明的核壳结构，与 TEM 图像观察结果一致。

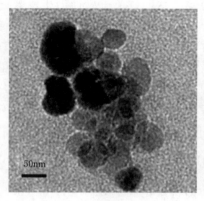

图 4.6-1　磁性 Fe_3O_4 纳米
颗粒的 TEM 图

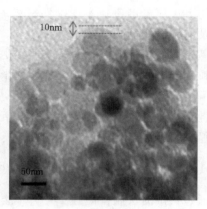

图 4.6-2　磁性微生物絮凝剂
Fe_3O_4@MFX 的 TEM 图

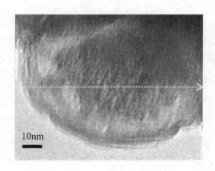

图 4.6-3　Fe_3O_4@MFX 的
TEM-EDS 扫描模式图

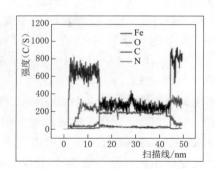

图 4.6-4　Fe_3O_4@MFX 的
元素分布图

　　利用 FTIR 对磁性 Fe_3O_4 颗粒、微生物絮凝剂 MFX 和磁性微生物絮凝剂 Fe_3O_4@MFX 官能团结构进行分析和对比，结果如图 4.6-5 所示：Fe_3O_4@MFX 出现了 MFX 所有的官能团特征峰，如—OH（$3386cm^{-1}$），C—H（$2928cm^{-1}$），—N＝（$1625cm^{-1}$），—NH—（$1521cm^{-1}$），C＝N（$1390cm^{-1}$）和 C—N（$1085cm^{-1}$）。尤其是，Fe_3O_4 的特征官能团 Fe—O 基（$586cm^{-1}$）也出现在 Fe_3O_4@MFX 的红外光谱图中，表明微生物絮凝剂确实被成功地固定到磁性 Fe_3O_4 颗粒上。此外，为了深入研究这种核壳结构的形成机制，将 Fe_3O_4@MFX 的红外光谱与 Fe_3O_4 和 MFX 的红外光谱图进行了对比，发现 Fe_3O_4 与 MFX 结合后，Fe_3O_4 的 Fe—O 基发生明显的移位，MFX 的 C＝N 基的峰强度显著降低，表明 Fe_3O_4 和 MFX 的结合主要是通过 Fe—O 和 C＝N 的相互作用。

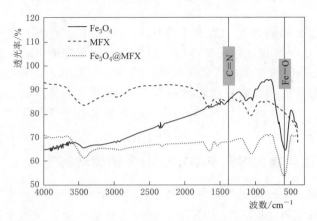

图 4.6-5　Fe_3O_4、MFX 和 Fe_3O_4@MFX 的 FTIR 图

Fe_3O_4 和 $Fe_3O_4@MFX$ 的磁性采用磁滞回线表示。如图 4.6-6 所示，Fe_3O_4 和 $Fe_3O_4@MFX$ 的饱和磁化强度（Ms）分别为 134.62 和 79.01emu/g。尽管由于微生物絮凝剂 MFX 的包裹导致 $Fe_3O_4@MFX$ 的饱和磁化强度略低于 Fe_3O_4，但 $Fe_3O_4@MFX$ 仍比其他大部分已报道的磁性材料的饱和磁化强度（29.7~68.1emu/g）要高。此外，在 $Fe_3O_4@MFX$ 磁化曲线中，没有观察到磁滞现象，表明其具有较好的超顺磁特性，也就是说，在去除外磁场后，没有任何磁性存在。因此，合成的磁性微生物絮凝剂 $Fe_3O_4@MFX$ 因其良好的磁性反应，使用手持式磁铁在 10s 内就可以很容易地将其从水溶液分离出来。此外，由于空气氧化作用，裸露的磁性 Fe_3O_4 颗粒很容易失去磁性，然而当外层包裹微生物絮凝剂后，可以抑制空气的氧化，将其储存在水中 1 个月后，$Fe_3O_4@MFX$ 的饱和磁性强度 Ms 也未显著下降。

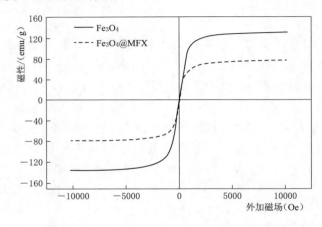

图 4.6-6　Fe_3O_4 和 $Fe_3O_4@MFX$ 的磁化曲线

综上，在过硫酸钠 $Na_2S_2O_8$ 聚合作用下，磁性 Fe_3O_4 颗粒和微生物絮凝剂通过 Fe—O 和 C≡N 相互作用结合形成磁性微生物絮凝剂 $Fe_3O_4@MFX$，微生物絮凝剂 MFX 形成的外壳层可直接包裹在磁性 Fe_3O_4 核心的外层，避免复杂的预处理过程。制备的磁性微生物絮凝剂 $Fe_3O_4@MFX$ 整体呈具有核壳结构的纳米球体，直径约为 50nm，具有良好的磁性，在外加磁场作用下可很容易地从水溶液中快速分离。

4.6.3　磁性微生物絮凝剂 $Fe_3O_4@MFX$ 的循环再生

为了研究制备的磁性微生物絮凝剂 $Fe_3O_4@MFX$ 的循环再生性能，挑选六种环境激素、抗生素、NOM、PPCPs、高分子有机污染物及重金属离子作为代表，进行吸附-解吸附实验。利用 NaOH 作为 Ag（I）的解吸附试剂，发现磁性

微生物絮凝剂 Fe_3O_4@MFX 上吸附的 88% 的 Ag（I）可以被解吸附下来，说明解吸附效果良好。吸附-解吸附实验如图 4.6-7 所示，在进行 5 个周期的吸附-解吸附实验后，虽每个循环周期中磁性微生物絮凝剂 Fe_3O_4@MFX 对 Ag（I）的吸附能力略有下降，但仍表现出良好的 Ag（I）吸附能力，在第 5 个吸附-解吸附循环后，Fe_3O_4@MFX 对 Ag（I）的吸附容量仍保持 85%。此外，5 个吸附-解吸附循环后，Fe_3O_4@MFX 的磁性也未发生明显恶化。

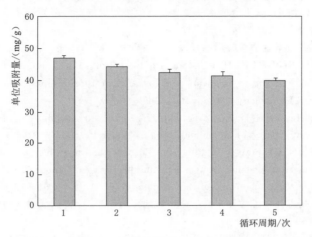

图 4.6-7　Fe_3O_4@MFX 再生循环过程中对银离子的吸附

该结果说明了磁性微生物絮凝剂 Fe_3O_4@MFX 作为一种高效的可再生的纳米材料，具有很大的潜力，大大地节约了成本，为微生物絮凝剂的进一步发展拓宽了思路，为生物吸附法朝着一个更高效、更经济可行的方向发展奠定了基础。

参 考 文 献

[1]　马放，杨基先，王爱杰. 复合型微生物絮凝剂 [M]. 北京：科学出版社，2013：4-30.

[2]　皮姗姗. 微生物絮凝剂及磁性微生物絮凝剂去除四环素的效能研究 [D]. 哈尔滨：哈尔滨工业大学，2016.

[3]　魏薇. 蛋白型微生物絮凝剂去除水中重金属离子的效能与机制 [D]. 哈尔滨：哈尔滨工业大学，2018.

[4]　Wei W，Wang QL，Li A，et al. Biosorption of Pb（II）from aqueous solution by extracellular polymeric substances extracted from Klebsiella sp. J_1：Adsorption behavior and mechanism assessment [J]. Scientific. Reports，2016，6：31575.

[5]　陶然，杨朝晖，曾光明，等. 微生物絮凝剂及其絮凝微生物的研究进展 [J]. 微生物学杂志，2005，25（4）：82-88.

［6］　邓述波，胡筱敏. 微生物絮凝剂处理淀粉废水的研究［J］. 工业水处理，1999，19（5）：8 - 10.

［7］　XIA S，ZHANG Z，WANG X，et al. Production and characterization of a production and characterization of a production and characterization of a bioflocculant by proteus mirabilis TJ - 1［J］. Bioresource technology，2008，99（14）：6520 - 6527.

［8］　ZHENG Y，YE ZL，FANG XL，et al. Production and characteristics of a bioflocculant produced by Bacillus sp. F19［J］. Bioresource technology，2008，99（16）：7686 - 7691.

［9］　武春艳. 降解 HNS 生产废水的复合型微生物絮凝剂产生菌筛选及应用研究［D］. 太原：中北大学，2011.

［10］　余莉萍. 高效微生物絮凝剂的开发与应用研究［D］. 广州：暨南大学，2003.

［11］　LI Z，ZHONG S，LEI H Y，et al. Production of a novel bioflocculant by Bacillus licheniformis X14 and its application to low temperature drinking water treatment［J］. Bioresource Technology，2009，100：3650 - 3656.

［12］　Wang Z，Hessler CM，Xue Z，et al. The role of extracellular polymeric substances on the sorption of natural organic matter［J］. Water Research，2012，46：1052 - 1060.

［13］　Buthelezi SP，Olaniran AO，Pillay B. Turbidity and microbial load removal from river water using bioflocculants from indigenous bacteria isolated from wastewater in South Africa［J］. African Journal of Biotechnology，2009，8：3261 - 3266.

［14］　杨阿明，张志强，王学江. 高效微生物絮凝剂用于污泥脱水及其动力学研究［J］. 中国给水排水，2007，23（9）：24 - 27.

［15］　ZHAO H，LIU H，ZHOU J. Characterization of a bioflocculant MBF - 5 by Klebsiella pneumonia and its application in Acanthamoeba cysts removal［J］. Bioresource Technology，2013，37：226 - 232.

［16］　Sathiyanarayanan G，Seghal KG，Selvin J. Synthesis of silver nanoparticles by polysaccharide bioflocculant produced from marine Bacillus subtilis MSBN17［J］. Colloids and Srufaces B：Biointerfaces，2013，102：13 - 20.

［17］　Göbel A，Thomsen A，Mc Ardell CS，et al. Occurrence and sorption behavior of sulfonamides，macrolides，and trimethoprim in activated sludge treatment［J］. Environmental Science & Technology，2005，39：3981 - 3989.

［18］　Xu W H，Zhang G，Li XD，et al. Occurrence and elimination of antibiotics at four sewage treatment plant in the Pearl River Delta（PRD），South China［J］. Water Research，2007，41：4526 - 4534.

［19］　Prado N，Ochoa J，Amrane A. Biodegradation and biosorption of tetracycline and tylosin antibiotics in activated sludge system［J］. Process Biochemistry，2009，44：1302 - 1306.

［20］　Zhang W，Shen H，Xie MQ，et al. Synthesis of carboxymethyl-chitosan-bound magnetic nanoparticles by the spraying co-precipitation method［J］. Scripta Materialia，2008，59：211 - 214.

［21］　陈丽娜，周光明，薛莲，等. O－甲基化壳聚糖修饰磁性 Fe_3O_4 纳米粒子及其生物应用［J］. 功能材料，2008，39（7）：1199 - 1201.

[22] Fan LL，Luo CN，Lv Z，et al. Preparation of magnetic modified chitosan and adsorption of Zn^{2+} from aqueous solutions [J]. Colloids and Surfaces B：Biointerfaces，2011，88：574 - 581.

[23] Chang YC，Chen DH. Preparation and adsorption properties of monodisperse chitosanbound Fe_3O_4 magnetic nanoparticles for removal of Cu（Ⅱ）ions [J]. Journal of Colloid and Interface Science，2005，283：446 - 451.

[24] 周利民，王一平，刘峙嵘，等. 羧甲基化壳聚糖－Fe_3O_4 纳米粒子的制备及对 Zn^{2+} 的吸附行为 [J]. 物理化学学报，2006，22（11）：1342 - 1346.

[25] 张明磊，张朝晖，罗丽娟，等. 磁性 Fe_3O_4@SiO_2@CS 镉离子印迹聚合物的制备及吸附性能 [J]. 高等学校化学学报，2011，32：2763 - 2768.

[26] 江锋，黄晓武，胡勇有. 胞外生物高聚物絮凝剂的研究进展（下）[J]. 给水排水，2002，28（9）：88 - 91.

[27] Salehizadeh H，Shojaosadati SA. Extracellular biopolymeric flocculants recent trends and biotechnological importance [J]. Biotechnology Advances，2001，19：371 - 385.

[28] 马放，杨基先，王爱杰. 复合型微生物絮凝剂 [M]. 北京：科学出版社，2013：4 - 30.

[29] Isobe Y，Yoloigawa K，Kawai H，et al. Surteutarl sduty of an exocellular Polysaceharide of Bacillus circulans [J]. Bioscience，Biotechnology and Biochemistry，1997，61：520 - 524.

[30] Kurane R，Matsuyama H. Production of a EPS by mixed culture [J]. Bioscience，biotechnology and biochemistry，1994，58（9）：1589.

[31] Toeda K，Kurane R. Microbial Flocculant from Alcaligenes cupidus KT201（Microbiology & Fermentation Industry）[J]. Agricultural and Biological Chemistry，1991，55（11）：2793 - 2799.

[32] Liu Z，Xu G，Yang H. Composition and structure of EPS BP25 [J]. Acta Microbiologica Sinica，2001，41（3）：348.

[33] Kwon GS，Moon SH，Hong SD，et al. A novel flocculant biopolymer produced by Pestalotiopsis sp. KCTC [J]. Biotechnology Letters，1996，18（12）：1459 - 1464.

[34] Suh HH，Kwon GS，Lee CH，et al. Characterization of EPS produced by Bacillus sp. DP - 152 [J]. Journal of Fermentation and bioengineering，1997，84（2）：108 - 112.

[35] Wang L，MF，Qu Y，et al. Characterization of a compound EPS produced by mixed culture of Rhizobium radiobacter F2 and Bacillus sphaeicus F6 [J]. World Journal of Microbiology and Biotechnology，2011，27（11）：2559 - 2565.

[36] Takeda M，Kurane R，Koizumi J，et al. A protein EPS produced by Rhodococcus erythropolis [J]. Agricultural and Biological Chemistry，1991，55（10）：2663 - 2664.

[37] LIU WJ，WANGK，LI B Z，et al. Production and characterization of an intracellular EPS by Chryseobacterium daeguense W6 cultured in low nutrition medium [J]. Bioresource Technology，2010，101（3）：1044 - 1048.

[38] Yokoi H，Arima T，Hirose J，et al. Flocculation properties of poly（[gamma] － glutamic acid）produced by Bacillus subtilis [J]. Journal of Fermentation and Bioengineering，1996，82（1）：84 - 87.

[39]　Kurane R，Hatamochi K，Kakuno T，et al. Production of a EPS by Rhodococcus erythropolis S－1 grown on alcohols [J]. Bioscience，Biotechnology and Biochemistry，1994，58 (2)：428－429.

[40]　Sakka K，Endo T，Watanabe M，et al. Deoxyribonuclease-susceptible floc forming Pseudomonas sp [J]. Agricultural and Biological Chemistry，1981，45 (2)：497－504.

[41]　王镇，王孔星，谢裕敏. 几种微生物絮凝剂的裂解色谱分析 [J]. 微生物学通报，1994，21：343－347.

[42]　Bucak S，Jones DA，Laibinis PE，et al. Protein separations using colloidal magnetic nanoparticles [J]. Biotechnology Progress，2003，19：477－484.

[43]　Hubbuch JJ，Thomas ORT. High-gradient magneti affinity separation of trypsin from porcine pancreatin [J]. Biotechnology and Bioengineering，2002，79：301－313.

[44]　Dauer RR，Dunlop EH. High-gradient magnetic separation of yeast [J]. Biotechnology and Bioengineering，1991，37：1021－1028.

[45]　Nishijima S，Takeda S. Research and development of superconducting high gradient magnetic separation for purification of wastewater from paper factory [J]. IEEE Transactions on Applied Superconductivity，2007，17：2311－2314.

[46]　Yantasee W，Warner C L，Sangvanich T，et al. Removal of heavy metals from aqueous systems with thiol functionalized superparamagnetic nanoparticles [J]. Environmental Science & Technology，2007，41：5114－5119.

[47]　Lu Zhou，Ang Li，Fang Ma，et al. Sb (Ⅴ) reduced to Sb (Ⅲ) and more easily adsorbed in the form of $Sb(OH)_3$ by microbial extracellular polymeric substancesand core-shell magnetic nanocomposites [J]. ACS Sustainable Chem. Eng. 2019，7：10075－10083.

[48]　Liu J，Zhao Z，Jiang G. Coating Fe_3O_4 magnetic nanoparticles with humic acid for high efficient removal of heavy metals in water [J]. Environmental Science & Technology，2008，42 (18)：6949－6954.

[49]　Chang YC，Chen DH. Preparation and adsorption properties of monodisperse chitosan-bound Fe_3O_4 magnetic nanoparticles for removal of Cu (Ⅱ) ions [J]. Journal of Colloid and Interface Science，2005，283：446－451.

[50]　Yuxiao Zhou，Shengwang Pan. Assessment of the efficiency of immobilized degrading microorganisms in removing the organochlorine pesticide residues from agricultural soils [J]. Environ Monit Assess，2023，195：1274.

[51]　Yuxiao Zhou，Shengwang Pan. Simulated phytoremediation by root exudates of Sudan grass of soil organochlorine pesticides：impact on the rhizosphere microbialcommunity [J]. Environmental Science and Pollution Research，2023，30 (54)：115600－115610.

[52]　汤爱琪. 磁性微生物絮凝剂的制备及其对微塑料的吸附效能 [D]. 哈尔滨：哈尔滨工业大学，2020.

[53]　邢洁. 蛋白型微生物絮凝剂对卡马西平的去除效能和机制解析 [D]. 哈尔滨：哈尔滨工业大学，2017.

[54]　刘敏，李姿，秦光和，等. 一种微生物絮凝剂急性毒性和诱变毒性作用的研究 [J]. 食品安全质量检测学报，2007，8 (10)：3805－3808.

第 5 章　主要成果与结论

5.1　桉树林区水库水体致黑特征物质识别

（1）桉树特征化合物鉴定方面。通过对桉树叶浸泡液分子组成进行分析鉴定，并与马尾松浸泡液 DOM 组分进行对比。结果显示，桉树叶浸泡液中主要由以苯三酚、没食子酸为母体的多酚类化合物及其多聚衍生物构成，其中最特征化合物为鞣花酸（$C_{14}H_6O_8$），高丰度的化合物为没食子酸（$C_7H_6O_5$）、苯三酚（$C_6H_6O_3$）。桉树叶浸泡液主要由木质素，稠环芳烃和单宁类化合物组成具有高芳香性，与其中含有大量多酚类化合物有关。

（2）典型水库致黑物质鉴定方面。通过对典型桉树林区泛黑水库（天雹水库和金窝水库）和非桉树林区水库（那甘麓水库）的 DOM 组分进行分析。结果显示，典型泛黑水库水体的 DOM 组分受桉树的溶出物影响较大。冬季，天雹水库和金窝水库表层水体中均存在桉树叶浸泡液最特征化合物鞣花酸（$C_{14}H_6O_8$），且鞣花酸的强度与水库泛黑程度呈正相关，2 座水库的鞣花酸强度均随水深逐渐减小，夏季没有鞣花酸。分析表明，秋季和冬季，大量的桉树叶会凋落，降雨径流会携带林区大量桉树叶溶解有机质，通过表层流和间层流的形式进入库区水体，桉树浸溶的多酚类化合物易被氧化、变色，其中的特征化合物鞣花酸（$C_{14}H_6O_8$）、没食子酸（$C_7H_6O_5$）和苯三酚（$C_6H_6O_3$）是水体泛黑的主要致黑特征物质。

（3）基于分子组成的水库泛黑成因。通过鞣花酸（$C_{14}H_6O_8$）、没食子酸（$C_7H_6O_5$）和苯三酚（$C_6H_6O_3$）与 Fe^{3+} 的络合反应实验以及没食子酸（$C_7H_6O_5$）与 Fe^{3+} 反应的标定实验显示，鞣花酸（$C_{14}H_6O_8$）、没食子酸（$C_7H_6O_5$）和苯三酚（$C_6H_6O_3$）都能与 Fe^{3+} 的络合反应，生成金属-有机质络合物，并形成黑色沉淀；在 pH 为 7，没食子酸（$C_7H_6O_5$）与 Fe^{3+} 在摩尔比为 2∶1 的条件下反应会生成没食子酸和铁络合物的中间，反应立即生成黑色溶液而没有沉淀，鉴定得到没食子酸和铁络合物中间体为 $[C_{14}H_8O_{10}Fe]^-$，证明桉树叶中多酚类化合物是水库水体变黑的最主要原因，桉树浸出的多酚类化合物与金属反应生成的金属-有机质络合物也是水体泛黑的主要致黑物质。

（4）典型水库水厂出厂水中 DOM 分子的去除效果方面。通过对比分析典型水库水厂进水口和经水厂处理后的出厂水 DOM 分子，结果表明出厂水和进水口 DOM 相比变化不大，经水厂处理能够去除部分 DOM 分子，但是高丰度的化合物无法去除。致黑特征化合物鞣花酸（$C_{14}H_6O_8$）在进水口的峰强较高，但在出厂水中强度明显降低，水中的致黑特征物质基本消除。

5.2 致黑特征物质的毒理性研究

（1）体外人源细胞的毒理实验方面。通过"基于三种人源细胞综合评估鞣花酸和三价铁的联合暴露毒性"毒理实验，从一般细胞毒性、不同活性氧（ROS）水平和细胞形态变化三个方面评估暴露于鞣花酸和/或三价铁对结直肠腺癌上皮细胞（DLD1）、人肾上皮细胞（293T）、肝细胞（LO2）三种细胞活力的影响。实验结果表明，细胞毒性方面，鞣花酸单独暴露下，细胞毒性依次为：LO2＞DLD1≈293T；Fe^{3+} 单独暴露对 DLD1 细胞毒性大，但能促进 LO2 和 293T 细胞生长；鞣花酸与 Fe^{3+} 联合暴露时，细胞毒性依次为：DLD1＞LO2≈293T。对 DLD1 细胞而言，联合暴露的毒性比单独暴露鞣花酸更强烈，分析认为对 DLD1 的联合毒性主要来自 Fe^{3+}。细胞活性氧水平方面，鞣花酸和/或 Fe^{3+} 暴露均显著增加了 ROS 水平。Fe^{3+} 单独暴露下，ROS 水平依次为：LO2＞293T＞DLD1；鞣花酸单独暴露和联合暴露中，ROS 水平在三种细胞中的升高水平均相差不大。细胞形态变化方面，鞣花酸和/或 Fe^{3+} 暴露对三种细胞的形态均没有明显影响，但进一步分析细胞骨架微丝蛋白 F-actin 在各处理组的变化，发现结直肠腺上皮细胞（DLD1）对较低浓度的鞣花酸暴露更为敏感，不仅增加了肌动蛋白的含量并且细胞活力也有所下降。综合实验结果表明，鞣花酸和三价铁的单独或联合暴露对人源细胞具有较强的毒害作用，按影响程度从大到小排序，依次为：肝细胞（LO2）＞肠道细胞（DLD1）＞肾细胞（293T）。

（2）急性经口毒性试验方面。通过以鞣花酸和铁络合物以及没食子酸和铁络合物为受试物，对小鼠（包括雌性和雄性）进行经口急性毒理实验，评价致黑物质的急性毒性。鞣花酸＋三价铁经口实验结果表明，10000mg/kg 体重、4640mg/kg 体重剂量受试动物分别于 0.5h、24h 内全部死亡，肉眼观察肝脏有坏死灶；其余组受试小鼠观察期 14d 内未见明显中毒症状及死亡，体重未见异常，肉眼观察其主要脏器未发现有异常改变。没食子酸＋铁经口实验结果表明，4640mg/kg 体重、2150mg/kg 体重剂量受试动物分别于 0.5h、24h 内全部死亡，1000mg/kg 体重剂量 2 只雌鼠于 72h 内死亡，肉眼观察肝脏有坏死灶；其余受试小鼠观察期 14d 内未见明显中毒症状及死亡，体重未见异常，肉眼观察其主要脏器也未发现有异常改变。综合结果分析表明，鞣花酸＋三氯化铁原形对小鼠急性经口 LD_{50} 为 3160mg/kg 体重，属于低毒级；没食子酸＋三氯化铁对雄性小鼠急性经口 LD_{50} 为 1470mg/kg 体重，对雌性小鼠急性经口 LD_{50} 为 1080mg/kg 体重，均为低毒级。

5.3　磁性微生物絮凝剂研发成果

（1）微生物絮凝剂制备及磁性微生物絮凝剂研发。本研究采用 Klebsiella sp. J_1（CGMCC No. 6243）和 A. tumefaciens F_2（CGMCC No. 10131）两种产絮菌所分泌的絮凝剂即蛋白型微生物絮凝剂和多糖型微生物絮凝剂为主要实验材料。将絮凝剂与磁性 Fe_3O_4 纳米颗粒通过化学方法进行复合，形成磁性微生物絮凝剂。蛋白型（J_1）微生物絮凝剂和多糖型（F_2）微生物絮凝剂的制备均需要经过种子液的制备、发酵液的制备、干粉的制备三个阶段。借助共沉淀法，在磁粉（Fe_3O_4）、蛋白型微生物絮凝剂（J_1）配比为 1∶1 条件下，研发出粒径为 100nm 左右的黑棕色蛋白型磁性微生物絮凝剂（J_1 磁性絮凝剂）；在磁粉（Fe_3O_4）、多糖型微生物絮凝剂（F_2）配比为 2∶1 条件下，研发出表面呈多孔状、粒径为 50nm 左右的黄棕色多糖型磁性微生物絮凝剂（F_2 磁性絮凝剂）；EDS、FTIR 显示，两种磁性絮凝剂均包含 Fe、O、C 元素，具有磁粉、微生物絮凝剂的官能团；说明所使用的制备方法可实现磁粉、微生物絮凝剂间成功交联。

（2）磁性微生物絮凝剂的吸附效能。通过对比磁性材料与磁性微生物絮凝剂对桉树林区水库水源地水样中致黑物质吸附去除实验结果显示，普通吸附材料磁粉对于水体致黑物质的吸附效果不明显，投加一定时间具有一定吸附作用，吸附率最高值可以超过 50%；而磁性微生物絮凝剂在加入水体后能够立刻对于水体中致黑物质进行吸附去除，且吸附效果较为明显，磁性微生物絮凝剂在第四天开始可以将水体中致黑物质几乎全部吸附去除，吸附率可以达到 90%～95% 并且稳定延续。通过对比普通微生物絮凝剂与磁性微生物絮凝剂对桉树林区水库水源地水样中致黑物质吸附去除实验结果显示，无论是蛋白型（J_1）微生物絮凝剂来说，还是多糖型（F_2）微生物絮凝剂，在吸附水体致黑物质时，都能看到致黑颗粒发生聚集现象，但由于致黑颗粒密度问题，即使加入助凝剂，致黑胶体也只能聚集成团漂浮在水体中，不发生沉降现象，不能从水体中分离出来。因此，磁性微生物絮凝剂与普通微生物絮凝剂相比，在将桉树林区水库水源地水体中的致黑物质分离出来方面具有一定优势，使用磁性微生物絮凝剂在应用上更具有实际意义。

（3）微生物絮凝剂对致黑物质的去除机制。本研究从传统絮凝机理和活性基团作用机制两个角度入手，通过絮凝形态学、带电性、吸附解吸附作用、活性基团的变化、致黑物质转变、吸附动力学和热力学等多个角度，解析微生物絮凝剂去除致黑物质的机制。分析表明，微生物絮凝剂表面为排列有序的多孔结构，这使得它具有较大的比表面积和良好的吸附能力，其对致黑物质的吸附机制是糖蛋白与致黑物质之间通过范德华力、氢键（物理吸附）和非共价键（化学吸附）等引起的吸附架桥与网捕卷扫作用。

（4）磁性微生物絮凝剂对水中致黑物质的去除效能。通过实验室致黑物质去除实验，对不同投加量、pH、吸附时间以及初始致黑物质浓度下，磁性微生物絮凝剂对致黑物质吸附效果的分析表明，在磁性微生物絮凝剂投加量 16mg、助凝剂投加量 90μL、pH 为 6.0、反应时间 30min 的条件下，磁性微生物絮凝剂对 80μg/L 致黑物质的去除率达到了 81.82%。通过桉树林区水库原水致黑物质的净化实验，结果表明，对致黑物质浓度约为（12.11±3.24）μg/L 的 1L 水库水样，微生物絮凝剂的最佳去除条件为 pH=8、投加量 8.5mL、助凝剂（CaCl₂）投加量 0.1mL、作用时间 13min，此条件下致黑物质的去除率可达到 75.03%；磁性微生物絮凝剂的最佳去除条件为 pH=8.2、投加量 8.0mL、助凝剂（CaCl₂）投加量 0.1mL、作用时间 10min，在此条件下，磁性微生物絮凝剂对致黑物质的去除率可达到 82.27%。

参 考 文 献

［1］　胡贤达，耿金菊，于清淼，等. 使用生物测试方法评价水质毒性的研究进展 ［J］. 工业水处理，2021，4（6）：14-25.

［2］　洪涵璐，赵伟，尹金宝. 饮用水消毒副产物基因毒性与致癌性研究进展 ［J］. 环境监控与预警，2020，12（5）：36-48.

［3］　徐建英，赵春桃，魏东斌. 生物毒性检测在水质安全评价中的应用，环境科学 ［J］. 2014，35（10）：3991-4003.

［4］　李亭，黄诗淇. 急性经口毒性试验方法研究进展 ［J］. 吉林化工学院学报，2019，36（1）：11-18.

［5］　孙宇立，董铖，洪新宇，等. 4 种急性经口毒性试验方法的比较研究 ［J］. 环境与职业医学，2015，32（5）：539-544.

［6］　李一平，罗凡，郭晋川，等. 我国南方桉树（Eucalyptus）人工林区水库突发性泛黑形成机理初探 ［J］. 湖泊科学，2018，30（1）：15-24.

［7］　王贺亚. 基于 3S 技术的广西典型水库集水区桉树人工林及其生态系统服务功能的时空动态格局研究 ［D］. 上海：东华大学，2016.

［8］　杨钙仁，于婧睿，苏晓琳，等. 桉树人工林黑水发生环境及其对鱼类的影响 ［J］. 西南农业学报，2016，29（2）：445-450.

［9］　李一平，罗凡，李荣辉，等. 桉树人工林区水体泛黑机理研究进展 ［J］. 河海大学学

报（自然科学版），2019，47（5）：393-405.

[10] LIANG W Z, CHOU C T, CHENG J S, et al. The effect of the phenol compound ellagic acid on Ca2+homeostasis and cytotoxicity in liver cells [J]. European Journal of Pharmacology. 2016, 780：243-251.

[11] OWCZAREK A, RóZALSKI M, KRAJEWSKA U, et al. Rare ellagic acid sulphate derivatives from the rhizome of geum rivale l. structure, cytotoxicity, and validated HPLC-PDA assay [J]. Applied Scienes. 2017, 400（7）：1-13.

[12] SAMER H H A, MOTHANNA A Q, MOHAMED E Z, et al. Cytotoxicity and antimicrobial activity studies of an Ellagic Acid-Zinc layered hydroxide intercalation compound [J]. Science of Advanced Materials, 2013,（5）：1-10.

[13] CEKER S A G, ANAR M, KIZIL H E. Determination of antigenotoxic, proliferative and cytotoxic properties of ellagic acids [J]. The FEBS journal, 2016, 283（Suppl. 1）：160-161.

[14] 李秀宇，马芹. 水龙骨中没食子酸与鞣花酸的含量测定 [J]. 化学研究，2023，34（1）：14-19.

[15] 周丹水，张礼行，廖玮涛，等. HPLC 法测定化香虫茶中没食子酸和鞣花酸的含量 [J]. 广东药科大学学报，2019，35（3）：373-377.

[16] LI N, WANG D H, ZHOU Y Q, et al. Dibutyl phthalate con-tributes to the thyroid receptor antagonistic activity indrinking water processes [J]. Environmental Science & Technology, 2010, 44（17）：6863-6868.

[17] WANG W, WANG M, XU J, et al. Overexpressed GATA3 enhances the sensitivity of colorectal cancer cells to oxaliplatin through regulating MiR-29b [J]. Cancer Cell International，2020，20：1-16.

[18] MENG, D, ZHANG P, ZHANG L, et al. Detection of cellular redox reactions and antioxidant activity assays [J]. Journal of Functional Foods，2017，37：467-479.

[19] LI K, PU K Y, CAI L, et al. Phalloidin-functionalized hyperbranched conjugated polyelectrolyte for filamentous actin imaging in living hela cells [J]. Chemistry of Materials，2011，23（8）：2113-2119.

[20] SHEN Y, YAN Y, LU L, et al. Klotho ameliorates hydrogen peroxide-induced oxidative injury in TCMK-1 cells [J]. International Urology and Nephrology，2018，50：787-798.

[21] Poljak-Blazi M, Jaganjac M, Sabol I, et al. Effect of ferric ions on reactive oxygen species formation, cervical cancer cell lines growth and E6/E7 oncogene expression [J]. Toxicology in vitro, 2011, 25（1）：160-166.

[22] LI W J, JIANG H, Song N, et al. Dose-and time-dependent α—synuclein aggregation induced by ferric iron in SK-N-SH cells. Neuroscience bulletin, 2010, 26（3）：205.

[23] KANDOLA K, BOWMAN A, BIRCH-MACHIN M A. Oxidative stress - a key emerging impact factor in health, ageing, lifestyle and aesthetics [J]. International Journal of Cosmetic Science, 2015, 37 Suppl 2：1-8.

[24] GUO W, LIU X, LI J, SHEN Y, et al. Prdx1 alleviates cardiomyocyte apoptosis

through ROS-activated MAPK pathway during myocardial ischemia/reperfusion injury ［J］. International Journal of Biological Macromol，2018，112：608 – 615.

［25］　CHELOMBITKO M A，FEDOROV，A V，ILYINSKAYA，O P，et al. Role of reactive oxygen species in mast cell degranulation ［J］. Biochemistry（Mosc），2016，81（12）：1564 – 157.

［26］　EDDAOUDI A，CANNING S L，KATO I. Flow cytometric detection of G0 in live cells by Hoechst 33342 and Pyronin Y staining ［J］. Methods in molecular biology（Clifton，N. J.），2018，1686：49 – 57.

［27］　KWAN J，WANG H，MUNK S，et al. In high glucose protein kinase C-zeta activation is required for mesangial cell generation of reactive oxygen species ［J］. Kidney International，2005，68（6）：2526 – 41.

［28］　CAO M，PENG B，CHEN H，et al. miR – 34a induces neutrophil apoptosis by regulating Cdc42 – WASP-Arp2/3 pathway-mediated F-actin remodeling and ROS production ［J］. Redox Report，2022，27（1）：167 – 175.